ZHANGSHU ZAI XUZHOU DE YINGYONG

樟树在徐州的应用

李　勇　杨学民　□主编
秦　飞　李瑾奕

中国林业出版社

图书在版编目（CIP）数据

樟树在徐州的应用/李勇等主编. —北京：中国林业出版社，2015.3

ISBN 978-7-5038-7917-3

Ⅰ.①樟…　Ⅱ.①李…　Ⅲ.①樟树－栽培技术　Ⅳ.S792.23

中国版本图书馆 CIP 数据核字（2015）第 058770 号

责任编辑： 何增明　苏亚辉

电　　话：（010）83143568

出版　中国林业出版社（100009　北京西城区刘海胡同 7 号）

　　　　http://lycb.forestry.gov.cn

发行　中国林业出版社

印刷　北京卡乐富印刷有限公司

版次　2015 年 4 月第 1 版

印次　2015 年 4 月第 1 次

开本　787mm×1092mm　1/16

印张　11.5

字数　280 千字

定价　128.00 元

《樟树在徐州的应用》编著委员会

序

PREFACE

习近平总书记"中国梦"重要讲话中指出："走向生态文明新时代，建设美丽中国，是实现中华民族伟大复兴的中国梦的重要内容。"

城市园林绿地，是构筑与支撑城市生态环境的自然基础，是建设美丽城市的重要载体。而园林树木则是城市园林绿地生态系统的主体要素，所以树种的运用、植物群落的配置等，便直接影响着现代园林生态、休憩、景观、文化和再塑五大功能的发挥。

徐州的城市园林绿化因受自然条件、传统观念等多方面的影响，直到本世纪初，植物景观，尤其是植物的冬季景观仍然比较单调，落叶成分过大，常绿成分太小。特别是在道路行道树方面，仅有苏堤南路、建国西路两条道路采用了常绿树种女贞，其他道路均为落叶树，所用树种主要为悬铃木、槐树、杨、柳等。

据考古推定，远古的徐州地区曾为亚热带气候，植物区系中有丰富的热带、亚热带成分，直到唐代，敬括《豫樟赋》还赞曰："东南一方，淮海维扬。爰有乔木，是名豫樟。"后来因气候变冷，使常绿成分减少。

进入 21 世纪以来，根据全球气候变暖的大趋势，徐州市打破传统观念，积极加大了常绿树种的引种栽培力度，特别是在樟树的引种栽植方面，以 2007 年新城区机关庭院、市民广场栽植全冠大规格樟树为开端，掀开了将樟树大规模应用于徐州城市园林绿化的新篇章。之后，东坡运动广场、淮海路、和平路、汉源大道等一大批新建公园、道路绿地普遍栽植了较大规格的樟树。据统计，至 2014 年 5 月，全市已在 80 多个公园栽植樟树 1 万余株，在 70 余条道路栽植樟树 1.6 万余株，庭院绿化中栽植樟树近 2 万株。

在樟树的引种推广中，徐州市市政园林局进行了大量卓有成效的试验研究，较好地解决了新植樟树的冬季冻害和黄化病的防治等技术关键，为樟树从特殊小气候区应用成功地走向大型公园、道路绿地提供了保障。樟树以其"樛枝平地虬龙走，高干半空风雨寒。春来片片流红叶，谁与题诗放下滩"（引自南宋诗人舒岳祥《樟树》）的独特美，在公园广场、道路、单位和新建居住区园林绿化中已成为骨干常绿树种，与原有的乡土（落叶）树种呼应，为打造"南秀北雄"的徐州市城市园林绿化风格奠定了重要的物质基础。

为了进一步推动樟树等常绿树种的北引利用，中共徐州市委、市政府设立了"徐州市生态文明建设基金会"和"徐州市生态文明研究院"，进一步加强了对常绿树种在北方地区的推广应用研究，《樟树在徐州的应用》一书就是对这一方面工作成果的总结。全书以徐州市及周边地区各引种地与原产地立地条件的客观分析数据为依据，对徐州市樟树引种实践进行了全面、科学的总结，为解决当前樟树引种中存在的技术问题，指导今后的樟树种植，均提供了系统的理论支撑和全面的技术指导。

读之快意，深感此书言之有物、言之成理，故为之序。

愿该书的出版，为徐州市乃至中国北方常绿树引种工程的健康发展，发挥出积极的参考应用价值和实用效果。

曹新平

2014 年 10 月 27 日

前　言
FOREWORD

　　樟树为常绿乔木，树体高大，枝叶茂密，树冠圆润，隽秀飘逸，是优良的城乡园林绿化树种。原广布于江南各地，随着全球气候不断变暖和园林技术的发展，樟树在园林景观和城市绿化中的栽培区域也不断北移。徐州市位于黄淮海平原的南部，樟树在城市园林绿化中的应用始于20世纪50年代，历经小气候利用引种初期、小规模应用期和推广应用期3个阶段。为做好樟树引种工作，徐州市园林部门先后组织开展了徐州城市土壤、气候与樟树栽培、重点病虫害防治等方面的研究，促进了樟树的引种栽植。另一方面，在樟树北移过程中，各地科技工作者也进行了大量的引种试验研究，获得了一批重要科技成果。但这些成果均散存于各种专业科技期刊之中，不便于基层园林工作者参阅。有鉴于此，在徐州市生态文明建设基金会的领导下，徐州市生态文明研究院立项并与徐州市市政园林局共同组织编写了这本《樟树在徐州的应用》。本书以植物栽培学理论为基础，以徐州市及周边地区各引种地与原产地立地条件的客观分析数据为依据，对北方樟树引种实践进行全面、科学的总结，为解决当前樟树引种中存在的技术问题，指导今后樟树种植提供理论与技术指导。

　　全书共八章：第一章樟树概述，概要介绍了樟树历史文化、樟树家族和樟树的价值。第二章樟树的分布与生长环境，介绍了樟树的自然分布、引种栽培分布、樟树的自然生长环境，对樟树在我国北方引种栽培情况及环境条件进行了分析。第三章徐州市自然地理，介绍了徐州市地理位置，基本气候特征，地质、地貌与土壤，水资源，植物资源，为开展樟树引种研究、研订樟树栽培技术提供基础。第四章樟树在徐州市园林绿化中的应用，总结介绍樟树在徐州的引种史，以及在公园绿地、庭院、道路绿化中的应用情况，主要构景方法，对引种中的主要成就与问题进行了分析探讨。第五章徐州市樟树引种气候与土壤条件分析，对徐州市未来的气候变化趋势，徐州城市土壤及其对樟树生长的影响等樟树引种栽植关键因素进行了研究探讨。第六章徐州市樟树引种栽培关键技术，重点介绍了樟树种源选择、樟树栽植适地适树技术、工程栽植与养护关键、樟树育苗与大规格樟树培育技术。第七章樟树病虫害防治，深入探讨了樟树冻害及预防、黄化病发生与防治的理论与技术，简要介绍了侵染性病害及害虫的识别、防治技术。第八章樟树栽培新技术应用与展望，对樟树栽培中激素应用，施肥效应，树干注射施肥、施药，优良无性系建立，抗寒驯化与转基因育种等新技术进行了概括介绍。附录徐州市樟树栽植技术规程，对樟树栽植的环境条件、种源要求、前期准备、栽植季节、定植树预备、栽植及养护管理进行了详细、具体的规定。

本书具体编写人员分工如下：全书由李勇、杨学民拟定编写原则、整体结构，并对全部书稿进行审定。第一章、第二章由秦飞编写；第三章第一、三、四、五节由张敏、秦飞编写，第二节由张仁祖、李曼编写；第四章由杨学民、何树川、李瑾奕、李旭冉、王远森编写；第五章第一节由张仁祖、李曼编写，第二节由俞元春、司志国、李亚玮、庞少东编写；第六章由杨学民、秦飞、何树川编写；第七章第一节由秦飞、梁珍海、李海娇编写，第二节由秦飞、李海娇、郑砚编写，第三、四节由郭伟红、沈维维编写；第八章由秦飞编写；附录由杨学民、秦飞、李瑾奕、何树川、李旭冉编写。

本书编写过程中，参考了国内外相关资料和成果。徐州市城市园林绿化管理站及各区、县（市）园林处有关科技人员参与了调查和资料收集工作；南京林业大学汤庚国教授、江苏科学技术出版社孙连民编审审阅了全部书稿，并提出了十分有益的修改意见和建议。中国林业出版社的编辑们就本书编辑、校对和出版等做了大量细致的工作。在此特向他们表示由衷的感谢。

樟树的北方引种蕴含着复杂的科学和技术问题，由于编著者水平所限，书中难免存在疏漏和欠妥之处，敬请读者批评指正。

编著者
2014 年 7 月

目 录
CONTENTS

第一章　樟树概述

第一节　樟树历史文化 ·· （1）

第二节　樟树及其家族 ·· （2）

　一、樟树系统发育 ··· （3）

　二、樟科植物在中国植被地理中的重要性 ······················ （4）

　三、樟树形态特征 ··· （5）

　四、樟树的种内变异 ··· （5）

第三节　樟树的价值 ·· （7）

　一、生态功能 ··· （7）

　二、园林景观功能 ··· （7）

　三、环境作用 ··· （8）

　四、木材利用 ··· （9）

　五、化工原料 ··· （9）

第二章　樟树的分布与生长环境

第一节　樟树的自然分布 ·· （11）

第二节　樟树的引种栽培分布 ·· （11）

　一、苏北与皖北地区樟树的引种栽培 ······························ （11）

　二、鲁中南地区樟树的引种栽培 ···································· （12）

　三、中原河南地区樟树的引种栽培 ································· （13）

　四、陕西关中地区樟树的引种栽培 ································· （13）

第三节　樟树自然生长环境 …………………………………………… (14)
　　一、光热环境 ………………………………………………………… (14)
　　二、雨量环境 ………………………………………………………… (15)
　　三、土壤环境 ………………………………………………………… (15)
　　四、植物群落 ………………………………………………………… (15)
第四节　北方主要樟树引种区栽培条件分析 …………………………… (16)
　　一、主要引种区气候条件 …………………………………………… (16)
　　二、主要引种区土壤条件 …………………………………………… (18)
　　三、主要引种区气候变化特征 ……………………………………… (21)
　　四、气候变化背景下中国自然植被地理分布变化趋势预测 ……… (23)

第三章　徐州市自然地理

第一节　地理位置与行政区划 …………………………………………… (26)
　　一、地理位置 ………………………………………………………… (26)
　　二、行政区划 ………………………………………………………… (27)
第二节　基本气候特征 …………………………………………………… (28)
　　一、光能 ……………………………………………………………… (28)
　　二、热量 ……………………………………………………………… (28)
　　三、降水 ……………………………………………………………… (29)
　　四、主要气象灾害 …………………………………………………… (30)
第三节　地质、地貌与土壤 ……………………………………………… (31)
　　一、地质、地貌 ……………………………………………………… (31)
　　二、土壤 ……………………………………………………………… (32)
第四节　水资源 …………………………………………………………… (33)
　　一、水系 ……………………………………………………………… (33)
　　二、水资源 …………………………………………………………… (34)
第五节　植物资源 ………………………………………………………… (34)
　　一、自然与森林植被 ………………………………………………… (34)
　　二、园林植物 ………………………………………………………… (36)

第四章　樟树在徐州市园林绿化中的应用

第一节　樟树引种栽培历史 ……………………………………………… (41)
　　一、小气候利用引种初期 …………………………………………… (41)
　　二、小规模引种期 …………………………………………………… (44)
　　三、推广应用期 ……………………………………………………… (45)

第二节　樟树应用现状…………………………………………（45）

一、樟树应用概况 …………………………………………（45）

二、樟树应用效果分析 ……………………………………（52）

三、樟树应用中的主要问题与原因分析 …………………（53）

第三节　樟树应用主要构景方法………………………………（55）

一、孤植 ……………………………………………………（55）

二、对植 ……………………………………………………（58）

三、列植 ……………………………………………………（58）

四、丛植 ……………………………………………………（61）

五、群植 ……………………………………………………（63）

六、群落构建 ………………………………………………（66）

七、组景 ……………………………………………………（69）

第五章　徐州市樟树引种气候与土壤条件分析

第一节　徐州市未来气候变化趋势……………………………（72）

一、气候变暖趋势明显 ……………………………………（73）

二、夏季酷热减少 …………………………………………（75）

三、气候变干 ………………………………………………（77）

四、光照减少 ………………………………………………（78）

第二节　徐州城市土壤与樟树生长……………………………（79）

一、城市绿地土壤 …………………………………………（79）

二、城市绿地土壤与樟树生长的关系 ……………………（90）

第六章　徐州市樟树引种栽培关键技术

第一节　樟树种源选择…………………………………………（101）

第二节　樟树栽植的适地适树技术……………………………（102）

一、樟树的根系分布 ………………………………………（102）

二、黄泛冲积土壤的盐碱运动 ……………………………（103）

三、樟树栽植中的"改地适树"技术 ……………………（104）

第三节　樟树工程栽植与养护关键……………………………（106）

一、苗木规格与栽植时间 …………………………………（106）

二、新栽樟树冬季防寒 ……………………………………（106）

第四节　樟树育苗与大规格樟树培育…………………………（107）

一、樟树播种育苗 …………………………………………（107）

二、大规格樟树培养技术要点 ……………………………（109）

第七章　樟树病虫害防治

第一节　低温危害（冻害）及预防 ……………………………………（110）
一、低温对樟树的危害………………………………………………………（110）
二、樟树冻害的危害机制与抗寒机理………………………………………（116）
三、冻害的预防………………………………………………………………（120）

第二节　樟树黄化病防治 ………………………………………………（121）
一、樟树黄化病的危害………………………………………………………（121）
二、樟树黄化病发生的诱导因素……………………………………………（125）
三、主要防治技术……………………………………………………………（126）

第三节　侵染性病害防治 ………………………………………………（128）
一、樟树白粉病………………………………………………………………（128）
二、樟树炭疽病………………………………………………………………（129）
三、樟树溃疡病………………………………………………………………（129）
四、樟树毛毡病………………………………………………………………（129）
五、樟树赤斑病………………………………………………………………（130）

第四节　虫害防治 ………………………………………………………（130）
一、樟巢螟……………………………………………………………………（130）
二、樟叶蜂……………………………………………………………………（131）
三、茶袋蛾……………………………………………………………………（131）
四、樟蚕………………………………………………………………………（132）
五、樟脊冠网蝽………………………………………………………………（132）
六、樟个木虱…………………………………………………………………（133）
七、樟颈蔓盲蝽………………………………………………………………（134）
八、樟树红蜘蛛………………………………………………………………（134）
九、红蜡蚧……………………………………………………………………（135）
十、桑褐刺蛾…………………………………………………………………（135）
十一、樟细蛾…………………………………………………………………（136）
十二、斑衣蜡蝉………………………………………………………………（136）

第八章　樟树栽培新技术应用及展望

第一节　植物激素的应用 ………………………………………………（138）
一、植物激素…………………………………………………………………（138）
二、植物激素的类型及其作用………………………………………………（139）
三、植物生长调节剂在樟树移植中的应用…………………………………（140）
四、植物生长调节剂对低温处理后樟树叶片生理代谢的影响……………（141）

第二节　樟树施肥效应 …………………………………………………（141）

一、施肥对樟树幼苗光合特性的影响 ……………………………（141）

二、施肥对樟树幼苗叶绿素含量和光响应的影响 ……………………（142）

三、施肥对樟树幼苗生长的影响 …………………………………（143）

四、樟树 NPK 养分的 DRIS 营养分析 ……………………………（144）

第三节　树木注射施肥、 施药技术 ……………………………（147）

一、树木注射施肥、施药技术的特点 ……………………………（147）

二、树木注射的基本方式 …………………………………………（148）

三、树木注射伤害 …………………………………………………（148）

四、树木注射伤害的控制 …………………………………………（150）

第四节　樟树优良无性系建立技术 ……………………………（151）

一、樟树优良单株评价技术 ………………………………………（151）

二、种质资源圃和采穗圃营造技术 ………………………………（154）

三、樟树扦插育苗技术 ……………………………………………（154）

四、樟树组织培养育苗技术 ………………………………………（155）

第五节　樟树抗寒驯化与转基因研究 …………………………（156）

一、樟树抗寒驯化 …………………………………………………（156）

二、转基因研究 ……………………………………………………（156）

附录　徐州市樟树栽植技术规程

1　总则 ………………………………………………………………（157）

2　环境条件 …………………………………………………………（157）

3　种源要求 …………………………………………………………（158）

4　前期准备 …………………………………………………………（158）

5　栽植季节 …………………………………………………………（158）

6　定植树预备 ………………………………………………………（159）

7　栽植 ………………………………………………………………（159）

8　养护管理 …………………………………………………………（160）

参考文献 ………………………………………………………………（162）

第一章

樟树概述

第一节　樟树历史文化

樟树是一个古老的树种，化石考古发现，早在石炭纪已有樟树植物。我国对樟树开发利用的历史十分悠久，距今约 7000 年的浙江河姆渡遗址发现有樟木的使用[1]。有关樟树文字记载最早的文献，如先秦《尸子》中有"土积则生梗豫樟"句。《山海经》中多处提及樟树的分布，如"蛇山其木豫樟"、"玉山其木多豫樟"等。《淮南子》中有"梗楠豫樟之生也，七年而后知，故可以为棺舟"。汉司马相如《上林赋》有"豫章女贞，长千仞，大连抱，被山缘谷，循阪下隰，视之无端，究之无穷"。唐敬括《豫樟赋》载："东南一方，淮海维扬。爰有乔木，是名豫樟。根坎窞，慧天纲，郁四气，焕三光。蠹缩云霄，离披翼张，一擢而其秀颖发，七年而其材莫当。"说明唐代淮海、维扬一带有樟树生长且盘根接地，树冠开张如天之纲维，郁结四时之气，与日月星辰同光，巍巍耸立，扶摇直上，何等壮观。

樟树的人工栽培起始于何时，目前还难以定论，相传早在虞舜时代就有栽植。江西安福县保留着 3 株汉樟，树龄在 2000 年左右。文献记载人工栽植樟树最早的是晋张华《豫章记》，其书载："新淦县封溪有聂友所用樟树残柯者，遂生为树，今犹存，其木合抱。始倒植之，今枝条皆垂下。"唐敬括在《豫章赋》中言庭院植樟曰："向若廓君之林池，充君之苑囿。膏泽既沐，鸿修亦覆，门柳不可齐华，庭梧不能独秀。已矣，夫用之则哲，抑之则沉，随取舍之攸措，何栋梁之所任。梓匠之，瞻望靡及，江潭之岁月空深，谁当徒植天池畔，终冀成君桃李阴。"元明清以后，文献记载和留存至今的古樟则遍及长江以南各地，营造了富有江南特色的景观，并在樟树栽培利用的历史长河中，形成了丰富的樟树文化现象。

一是视樟树为吉祥和祥瑞的象征。中国传统的风水理论认为"藏风"、"得水"、"乘生气"是理想的风水环境。樟树繁茂，生机勃发，樟香浓郁，人们视樟树为风水树（林）的象征，相信樟树能够驱赶邪恶，帮助人们逢凶化吉。所以南方传统民居中，有"前樟后楝"、"前樟后朴"之说。即宅前要种樟树，宅后要种楝树或朴树。樟树还被古代人视为吉祥和祥瑞的文化象征。《礼纬·斗威仪》称："君政讼平，豫章常来生。"意为生长良好的大樟树是盛世太平的象征。明代医家李时珍《本草纲目》说："其木理多文章，故谓之樟。"以文喻樟，雅韵悠远而明其理；以樟喻文，才高意深而耀其纹。更而胜之，视樟树为神树的象征。如汉东方朔《神异经》载："东方荒外有豫樟焉，此树主九州，其高千尺，围百尺，……，有九力士操斧伐之，以占九州吉凶。斫复，其州有福；迟者州伯有病；积岁不复者，其州灭亡。"北魏郦道元《水经注》记述五都樟树坪庙上首，有一株大樟树，人称"樟仙"。清施洪保《闽杂记》卷五"光泽樟树神"条载："光泽县署大堂庭中左右两樟树，皆数百年植也。平时鸟雀不集，唯官清廉则有两只白鹤来巢伏子。官将去任，则先数日携其雏去。"

二是樟树诗文。樟树四季常青，姿态雄伟，深受人们喜爱，古代文人墨客吟咏很多，如南朝梁江淹曾《豫樟颂》："伊南有材，楦桂楦椒，下贯金壤，上笼赤霄，盘薄广结，稍瑟曾乔，七年乃识，非日终朝。"唐白居易《寓意诗五首》："豫樟生深山，七年而后知。挺高二百尺，本末皆十围。"李白《送王屋山人魏万还王屋》："挥手杭越间，樟亭望潮还。"《与从侄杭州刺史良游天竺寺》："挂席凌蓬丘，观涛憩樟楼。"杜甫《短歌行赠王郎司直》："豫樟翻风白日动，鲸鱼拔浪沧溟开"；《赠蜀僧闾邱师兄》诗曰："豫樟夹日月，岁久空深根。"韩愈《城南联句》："桑变忽芜蔓，樟裁浪登丁。"杨万里《明发新淦晴快风顺约泊樟镇》："不应樟镇酒，无意待人倾。"刘克庄《答徐雷震投赠》："颇闻谱与寿溪通，桑樟吾宁不敬恭。"元稹《谕宝二首》："豫樟无厚地，危柢真脆脆。"沈亚之《文祝延二阕》："樟之盖兮麓下，云垂幄分为帷。"魏了翁《安大使生日》："清庙圭璋璧，明堂枫柞樟。"清龚鼎孳《樟树行》长诗："古樟轮囷异枯柏，植根江岸无水石"，"今来荒野忽有此，数亩阴雪争天风"，"寒翠宁因晚岁凋，孤撑不畏狂澜送"，"自古全生贵不材，樟乎匠石忧终用"。这些诗词，或赞美樟树的形姿之美，或称颂樟树的神姿和品性，或借樟表达作者的心境。

三是樟树的人文精神。高大的樟树躯干、势若华盖巨伞的树冠，使人感到向上、有力度，成为一种个性品格而被尊崇，显得高洁；其枝虬曲柔软，柔中带刚，则体现了坚毅不催的品格；樟树萌芽力强，同株树上能几代同堂，而呈现出欣欣向荣、后继有人的生动景象；火烧不死、百劫不离，象征着樟树热爱故土的品性。这些都是樟树美的内在表现，是与樟树自然属性直接相关联而反映出来的审美特征。从一定程度说，樟树是中华民族之精神气质和精神风貌的体现。

第二节　樟树及其家族

一般人通常所称的樟树，包括了樟组的十几个种[2]。在植物分类学中，樟树特指樟组中的"樟"，其拉丁名为 *Cinnamomum camphora*（L.）Presl，又叫香樟、芳樟、油樟、樟木（南方各地）、乌樟（四川）、瑶人柴（广西融水）、栳樟、臭樟、乌樟（台湾）等[3]，为国家二级重点保护植物。

一、樟树系统发育

（一）樟树系统位置

根据《中国植物志》，樟树的系统位置为被子植物门（Angiospermae）、双子叶植物纲（Dicotyledoneae）、原始花被亚纲（Archichlamydeae）、毛茛目（Ranales）、樟科（Lauraceae）、樟亚科（Subfam. Lauroideae）、樟族（Trib. Cinnamomeae）、樟亚族（Subtrib. Cinnamomeae）、樟属（*Cinnamomum* Trew）、樟组［Sect. Camphora（Trew）Meissn.］、樟种［*camphora*（L.）Presl］。

樟属植物全球约250种，我国约有46种和1变型。其中，同为樟组的近缘种有猴樟（*C. bodinieri* Levl.）、尾叶樟（*C. caudiferum* Kosterm.）、坚叶樟（*C. chartophyllum* H. W. Li）、云南樟（*C. glanduliferum*（Wall.）Nees）、八角樟（*C. ilicioides* A. Chev.）、油樟［*C. longepaniculatum*（Gamble）N. Chao ex H. W. Li］、长柄樟（*C. longipetiolatum* H. W. Li）、沉水樟［*C. micranthum*（Hay.）Hay］、米槁（*C. migao* H. W. Li）、毛叶樟（*C. mollifolium* H. W. Li）、菲律宾樟［*C. philippinense*（Merr.）C. E. Chang］、阔叶樟［*C. platyphyllum*（Diels）Allen］、黄樟［*C. porrectum*（Roxb.）Kosterm］、岩樟（*C. saxatile* H. W. Li）、银木樟（*C. septentrionale* Hand. – Mazz.）、细毛樟（*C. tenuipilum* Kosterm）。

此外，同属种还有粗脉桂（*C. validinerve* Hance）和肉桂组（Sect. Cinnamomum）毛桂（*C. appelianum* Schewe）、华南桂（*C. austrosinense* H. T. Chang）、滇南桂（*C. austroyunnanense* H. W. Li）、钝叶桂［*C. bejolghota*（Buch. – Ham.）Sweet］、阴香［*C. burmanni*（Nees et T. Nees）Blume］、肉桂（*C. cassia* Presl）、聚花桂（*C. contractum* H. W. Li）、大叶桂（*C. iners* Reinw. ex Bl.）、浙江樟（*C. chekiangense* Nakai）、爪哇肉桂（*C. javanicum* Bl.）、野黄桂（*C. jensenianum* Hand. – Mazz.）、兰屿肉桂（*C. kotoense* Kanehira et Sasaki）、红辣槁树（*C. kwangtungense* Merr.）、软皮桂（*C. liangii* Allen）、银叶桂（*C. mairei* Levl.）、土肉桂（*C. osmophloeum* Kanehira）、少花桂（*C. pauciflorum* Nees）、屏边桂（*C. pingbienense* H. W. Li）、刀把木（*C. pittosporoides* Hand. – Mazz.）、网脉桂（*C. reticulatum* Hay.）、卵叶桂（*C. rigidissimum* H. T. Chang）、香桂（*C. subavenium* Miq.）、柴桂［*C. tamala*（Bauch. – Ham.）Nees et Eberm］、假桂皮树［*C. tonkinense*（Lec.）A. Chev.］、辣汁树（*C. tsangii* Merr.）、平托桂（*C. tsoi* Allen）、川桂（*C. wilsonii* Gamble）、锡兰肉桂（*C. zeylanicum* Bl.）[3]。

（二）樟树系统发育

樟树的系统发育，中国科学院昆明植物研究所李锡文认为，樟属在形态上属同一种类。从主成分类型角度，黄樟为古老的物种，云南樟、毛叶樟、猴樟及其近缘种、樟树及其近缘种是由其演化而来，并推断我国西南很可能是樟属尤其是樟组的起源中心，并由此向东渐次由云南樟、猴樟和樟树所代替[4]。中国科学院昆明植物研究所李捷认为，滇东南地区是樟科植物的起源地之一或为其一部分，长江以南为樟科植物在其起源之后的扩散地。并将滇产樟科植物 209 种划分为热带美洲分布、旧世界美洲分布、热带亚洲分布、地中海分布、东亚分布和中国特有分布 6 个类型[5]。

有关樟树的历史进化方面，高大伟认为可以从以下一些信息中寻找出一些樟树起源与进化的大概轮廓：①Rohwer（2000）利用叶绿体 matK 序列对樟科植物分子系统学的分析，认为整个樟科可以划分为冈瓦那古陆与劳亚—南美两大类群，而樟树所在的樟属又归于冈瓦那古陆类群下的亚洲—美洲间断分布类群，其间断隔离分布的原因是由于冈瓦那古陆的分离所造成的。②Chanderbah 等（2001）同样利用分子序列对樟科植物进行系统学分析，将樟科植物归纳为南半球分布类群和亚洲、泛太平洋分布类群两大类群，而樟树所属的樟属包括在亚洲、泛太平洋分布类群中。这一结果与前面 Rohwer 的观点相吻合。③Chanderbali 等（2001）的分析结果还表明，樟科植物在跨古地中海迁移散布相对容易时开始辐射散布开来，并且在晚白垩纪，其一些基部类群已在冈瓦那古陆与劳亚古陆上建立起来[6]。

我国樟科樟属等的植物化石发现于晚侏罗纪以及下白垩纪底层中[7]。王荷生认为，中国第二纪古热带植物区包括了中亚热带常绿阔叶林的优势科属及主要组成科属，其中樟科和常绿的壳斗科植物最重要[8]。吴征镒等指出樟属和新樟属是樟科中近于祖型的较古类群，起源于古北大陆东南部和古南大陆东北部，集中分布于我国西南部[9]。

二、樟科植物在中国植被地理中的重要性

樟科（Lquraceae）植物是一个较大的植物类群，除无根藤属（Cassytha）为缠绕性寄生草本外，其余均为木本。原产于热带及亚热带地区，全世界约有 45 属、2500 种。

我国有樟科植物 20 属、423 种、43 变种、5 变形。其中鳄梨属（Persea）、月桂属（Lauraus）为引种栽培。樟科植物集中分布在长江以南地区，以云南、广东、广西、四川、贵州等地最为丰富，少数种类分布较北。其中，三桠乌药（Lindera obtusiloba Bl.）、山胡椒[Lindera ineraglauca（Sieb. et Zucc.）Bl.]、狭叶山胡椒（Lindera angustifolia Cheng）在华北地区、山西中条山、山东昆嵛山、陕西南郑广为分布，三桠乌药更北达辽宁千山（北纬41°）。红楠（Machilus thunbergii Sieb. et Zucc.）最北分布到连云港花果山、青岛崂山，是常绿成分分布最北的记录。

樟科植物是中国亚热带常绿阔叶林 6 大科之一，其中常绿树种占 90% 以上。此类群植物是被子植物中的基部类群之一，在旧世界的热带至亚热带森林中，此类群植物扮演十分重要的角色，是这一地区常绿阔叶林中一个关键主导类群；在新世界的湿润森林中樟科也是十分常见的植物[10]。

我国樟科植物是一个巨大的园林资源宝库，樟、浙江樟、阴香、细叶香桂、川桂、肉桂、红楠、薄叶楠（Machilus. leptophylla Hand.–Mazz.）、润楠（M. pingii Cheng ex Yang）、浙江楠（Phoebe chekiangensis C. B. Shang）、紫楠[P. shearerii（Hemsl）Gamble]、香叶树（Lindena communis Hemsl）、浙江新木姜子[Neolitsea chekiangensis（Nakai）Yang et P. H. Huang]、美丽新木姜子[N. pulchella（Meissn）. Merr.]等树种树干挺拔，树冠浓郁，枝繁叶茂，树姿美丽，四季常青。落叶类如华东地区特有种天目木姜子（Litsea auriculata Chien et Cheng），树皮斑驳、美丽，叶硕大而形态独特，基部凹入，两侧具耳，入秋则转变为黄色，黑色果实如发亮的黑珍珠，为秋季优异的观赏树种。秋天观叶的还有叶黄而不落的山胡椒、狭叶

山胡椒以及叶形美丽的三桠乌药、檫木［*Sassafras tzumu*（Hemsl.）Hemsl］等，檫木叶形奇特，秋叶红艳，为良好的园林观赏树种。

三、樟树形态特征

樟树（*Cinnamomum camphora*）为常绿大乔木，高可达 30m，胸径可达 3m，树冠广卵形；枝、叶及木材均有樟脑气味；树皮黄褐色，有不规则的纵裂。顶芽广卵形或圆球形，鳞片宽卵形或近圆形，外面略被绢状毛。枝条圆柱形，淡褐色，无毛。叶互生，卵状椭圆形，先端急尖，基部宽楔形至近圆形，边缘全缘，软骨质，有时呈微波状，上面绿色或黄绿色，有光泽，下面黄绿色或灰绿色，晦暗，两面无毛或下面幼时略被微柔毛，具离基三出脉，有时过渡到基部具不显的 5 脉，中脉两面明显，上部每边有侧脉 1~3~5(7) 条。基生侧脉向叶缘一侧有少数支脉，侧脉及支脉脉腋上面明显隆起，下面有明显腺窝，窝内常被柔毛；叶柄纤细，腹凹背凸，无毛。圆锥花序腋生，具梗，与各级序轴均无毛或被灰白至黄褐色微柔毛，被毛时往往在节上尤为明显。花绿白或带黄色，无毛。花被外面无毛或被微柔毛，内面密被短柔毛，花被筒倒锥形，花被裂片椭圆形。能育雄蕊 9，花丝被短柔毛。退化雄蕊 3，位于最内轮，箭头形，被短柔毛。子房球形，无毛。果卵球形或近球形，紫黑色；果托杯状，顶端截平，具纵向沟纹[3]。樟树在徐州市的花期 6~7 月，果期 8~11 月。

四、樟树的种内变异

樟树在我国不同地区长期繁殖的结果，形成了显著的种内变异。《中国植物志（31卷）》根据樟油化学成分不同，将樟分为 3 个类型：①本樟，树皮桃红色，叶片较大、较薄，叶色黄绿，出叶迟；树体较矮小，分枝开且茂密，树冠占地面积大；树叶、木材有强烈的樟脑气味，富含樟脑。②芳樟，树皮黄色，裂片少而浅，树势高大，枝丫直立向中，分枝较疏，叶柄绿色，叶片较厚，叶背稍灰白色，出叶较早，枝叶、木材有芳樟醇气味，富含芳樟醇。③油樟，叶片圆而薄，木髓黄色，含油最多，以含松油醇为主。《台湾树木志（1 卷）》亦将樟树分为本樟、芳樟、油樟和阴阳樟 4 个类型。

江西吉安进行的樟树地理种源试验表明，低纬度的种子，其发芽比当地种子慢 2 天，高纬度的种子则比当地种子快 4 天；苗木生长，低纬度的种子不如当地种子育的苗好，且不耐寒耐冻，在气温降至 −3.5℃时，前者全部冻死，后者冻死 10%。广东湛江的种源试验表明，该省遂溪县岭北种子的苗木生长量，是来自湖北省黄冈（高纬度）种子苗木生长量的 1.8 倍。说明樟树在不同的环境下，其生长发育特性和适应性有着明显的差异[11]。不同种源的樟树在树高及地径两个生长量性状上均存在显著的差异[12]。8 个樟树无性系的叶绿素仪测定值（SPAD）、可变荧光（*Fv*）、最大荧光（*Fm*）、PSⅡ最大光化学效率（*Fv/Fm*）、PSⅡ潜在活性（*Fv/Fo*）、PSⅡ电子传递量子产率（ΦPSⅡ）、光化学猝灭系数（qp）、PSⅡ实际光化学效率（QY）等值的方差分析表明，8 个无性系间差异显著[13]。对我国 15 个樟树自然分布省区 47 个产地的樟树种子特征进行聚类分析，从距离阈值 $d_{ij} = 1.77$ 处断开，可以划分出 6 个类群。从组成组群的产地看，同一组群中各产地在地理分布上基本是连续的。苗期种源试验表明，遗传变异存在于种源和家系两个层次。苗高、枝下高、冻害性状在种

图 1-1　樟树及其树皮、枝、叶、花、果形态(徐州工人疗养院，2003)

源层次的变异远大于家系层次的变异，地径则相反。苗高与种源纬度负显著相关，与年均温、1 月均温、绝对低温显著相关；冻害与纬度年均温、1 月均温、绝对低温均呈极显著的负相关，说明南方种源冻害较北方种源严重；枝下高与纬度显著相关，与年均温、1 月均温、绝对低温负显著相关；苗高与冻害极显著相关，与地径显著相关[14]。孙银祥等[15]、任华东等[16]、邢建宏[17]、张国防[18]等不同角度的研究同样证实了樟树不同种源之间存在显著差异，樟树及近缘种之间存在着丰富的遗传多样性，为良种选育提供了丰富的材料。

第三节　樟树的价值

樟树是我国珍贵城乡绿化树种、经济树种和用材树种之一，寿命极长，一些地方至今还生存着一些珍贵的千年古樟，被广泛应用于城乡园林、防护林、珍贵用材林、芳香油原料基地建设[19]。

一、生态功能

樟树根系深广，分枝多，枝枝向上，树冠层层堆叠，树荫浓密，生物量大，防风固土、涵养水源等生态功能强。在东南沿海，每年的大台风常使许多树被连根拔起，但未见樟树被风吹倒过[2]。

生物量是计算生物个体、生物群落乃至生态系统生产力的基础，是推算相应的碳贮量和碳固定能力的基础数据，衡量生态功能大小的最重要参数之一。上海市城市樟树单株生长模型是：地上生物量 $\hat{y}=1.37D^{2.15}$，全株生物量 $\hat{y}=1.85D^{2.14}$；地上净生产力模型为 $\hat{y}=0.32D^{2.13}$（式中 D 均为冠幅）[20]。江苏苏州地区（吴江市）胸径 $3\sim23\text{cm}$ 的全冠樟树各器官生物量（Y）与一级枝基径（D_B）、胸径（D_{BH}）、冠幅（CW），树冠基径（D_c）、叶面积（S）、胸径乘树高（D^2H）等表观特征易测因子的关系为：树枝生物量 $\hat{y}=0.128D_B^{2.426}$、$\hat{y}=0.009D_{BH}^{2.851}$、$\hat{y}=0.099CW^{3.503}$、$\hat{y}=0.015D_c^{2.426}$、$\hat{y}=0.133S^{0.133}$，树叶生物量 $\hat{y}=0.234D_B^{1.74}$、$\hat{y}=0.033D_{BH}^{2.063}$、$\hat{y}=0.191CW^{2.597}$、$\hat{y}=0.046D_c^{2.426}$、$\hat{y}=0.133S^{0.133}$，树干生物量 $\hat{y}=0.043D_{BH}^{2.473}$、$\hat{y}=33.07D^2H^2+102.385D^2H+4.181$、$\hat{y}=0.001S^2+0.136S+4.068$，地上部总生物量 $\hat{y}=0.147D_{BH}^{2.191}$、$\hat{y}=13.097CW^2-67.03CW+90.73$、$\hat{y}283.833D^2H^{0.894}$、$\hat{y}=0.0003S^2+0.707S-3.6605$，所有的自变量与各器官生物量的拟合都较好，且相伴概率都小于 0.01[21]。

二、园林景观功能

樟树干挺拔，树皮粗糙，质地却很均匀；树枝一分为二、二分为四地生长开来，无需修剪，自然形成广卵形树冠，在天空中画出优美的曲线，就像是苏东坡的书法，圆润连绵，俊秀飘逸，却又中规中矩，是优良的城乡园林绿化树种。

（一）园林造景

樟树被广泛用于城市公园等园林绿地的植物景观塑造中，配植于池畔、水边、山坡、平地无不相宜。在草地、广场、丘岗等开阔地域，单独栽植一株大樟树，其优美的树形，浓荫覆地，常常能够成为一个独特的景点，也可作为草地到密林的极佳过渡形式。在建筑物、构筑物或纪念物的两边，按一定的轴线对植两株樟树，能够起到良好的衬托主景的作用。而按一定的构图方式丛植或较大数量群植的樟树林，既能作为主景，也能作为障景，体现群体气势之美。

（二）行道树

樟树是阳性树，耐辐射热，冠大荫浓寿命长；并具有很强的抗光化学烟雾和抗多种有毒气体的能力，是减轻城市大气污染的重要树种；樟树的叶片虽然革质光滑，但它能分泌油脂（樟油），能吸附粉尘，所以吸尘能力比较强。樟树的这些特性，符合园林树种尤其是行道树的选择原则，作为行道树列植于人行道边，整齐美观，炎炎盛夏，浓荫蔽地，可以有效降低城市热辐射，为行人提供良好的出行环境。

（三）庭荫树

单位、居住区庭院绿化的主要目的是创造一个优美、幽雅、安静、卫生的环境。樟树树干质朴，树冠广大、圆整，叶色明亮，四季常青，树形优雅，枝叶婆娑，庭荫效果好，入秋后部分叶片变红亦颇美观。在庭院之中，孤植、对植、丛植皆相宜。但在冬天较为寒冷的温带地区，人们冬季需要和煦阳光，这些地区的单位、居住区庭院绿化中，樟树的应用应以单位、小区花园广场为主，不太适宜在房（楼）前种植。

（四）文化表达

在漫长的人类历史进程中，植物不仅影响人类文化的产生和发展，同时还是文化的载体。植物在民俗、宗教、医药、文学、饮食、园艺等领域都形成了独特的文化功能。"植物的文化性"已成为考察现代园林绿地植物配置水平的重要因素。樟树寿命极长，在我国各地都有神化樟树的说法，许多地方的古樟树都是当地人们心目中的"风水树"，寓意辟邪、长寿、吉祥如意，开拓进取，奋发向上[22]。而随着电视剧《香樟树》等影视文学作品的广泛传播，樟树的文化魅力得到更大的拓展。合理利用樟树文化性，能够提升整体环境的文化氛围。

三、环境作用

（一）空气环境作用

樟树冠大荫浓，吸尘、滞尘，抗煤烟能力强，对 Cl_2（氯气）、SO_2（二氧化硫）、O_3（臭氧）、F_3（氟气）等有害气体具有抗性，是空气环境价值极高的城市园林绿化树种。

南京市不同污染靶区、不同径级的樟树叶片含硫动态研究结果表明，樟树叶片对 SO_2 具有一定的吸收净化能力，其叶片含硫量平均为 0.2160%，且其含量随分布区、生长季节及个体胸径不同差异显著；并与异域大气中 SO_2 污染指数成一定的正相关；与个体胸径大小成显著负相关；季节间呈现出"先降后升再降"的态势，于春秋季较高，而夏冬季较低[23]。对江苏苏州地区（常熟市）樟树在化工厂的主要污染物（Cl_2、SO_2、NH_3、粉尘等）和交通繁忙区的大气污染物（SO_2、NO_2、粉尘、重金属元素等）污染胁迫下叶片生理生化指标的研究结果表明，樟树叶片内活性氧大量产生的同时，抗氧化酶系与抗氧化物质活性提高，游离 pro（脯氨酸）与可溶性糖含量升高，以阻止和减轻植物细胞膜脂过氧化程度，缓和细胞膜透性的变化。樟树叶片在大气污染胁迫下抗氧化性系统的应激性变化提示，该树种对大气污染有一定的抗性[24]。

（二）嗅觉环境作用

植物挥发性有机物（volatile organic compounds，VOCs）是通过植物体内的次生代谢途径合成的低沸点、易挥发的小分子化合物。随着现代分析化学科学与技术的发展，人们对

VOCs 化学生态效应研究的不断深入，发现植物散发出的气味和分泌物能够改变人的心理和生理状态，提出了利用 VOCs 所具有的增强人体健康、防治疾病、净化空气、抑制微生物生长的保健作用，创建保健型、环保型人工植物群落，建立植物保健园、森林浴场等园林绿地的理论与实践，让城市绿地系统不仅发挥它的景观生态效应，更要发挥其化学生态效应[25]。对江苏无锡市惠山森林公园樟树林内 VOCs 及其变化研究表明，樟树林内释放的 VOCs 种类繁多，共鉴定出 99 种化合物。包括烷烃 17 种、烯烃 15 种、酮 13 种、醇 11 种、芳香烃 10 种、醛 8 种、酸 8 种、酯类 8 种、炔烃 3 种、醚 2 种以及未查阅到中文名称的物质 4 种。其中，醇类、酮类、烯烃以及烷烃在总挥发物浓度中所占比重较大，平均相对浓度分别为 18.67%、14.89%、11.34%、12.3%，为樟树林内的主要挥发物。这些挥发物中，既存在对人的身心健康有利的成分，也存在少量对人的身心健康有害的成分。对人的健康有利的主要成分总含量占影响人的身心健康的主要挥发物总量的 85.05%，包括樟脑、龙脑、芳樟醇、香天竺葵醇、柠檬烯、石竹烯、月桂烯、蒎烯和乙酸龙脑酯，总含量在 3：00(41.7%)、17：00(55.5%)、19：00(37%)时较高。对人的健康有害的主要成分的总含量占影响人的身心健康的主要挥发物总量的 14.95%，其主要成分为三氯甲烷和甲苯，总含量在 1：00(7.3%)和 15：00(7%)时较高。从挥发物的角度和游人出行的时间考虑，17：00～19：00 到樟树林内游憩更有益于游人的健康[26]。

四、木材利用

樟树木材结构是半环孔材至散孔材，管孔略多，小至中的明显肉眼可见。年轮清晰可数，但宽狭不均，年轮间以深色细线。早晚材分界清楚。边材淡黄褐色至灰褐色；心材红褐色，沿着纹理方向常有红色或深色条纹；木材有光泽，纹理常倾斜或交错，结构细致，桀然、美观。其基本密度 0.437g/cm³，气干密度 0.535g/cm³；干缩系数径向 0.126，弦向 0.126，体积 0.356；抗弯强度 824kg f/cm²，抗弯弹性模量 82×10³kg f/cm²，顺纹抗压强度 410kg f/cm²，冲击韧性 0.546kg f/cm²，硬度端面 402kg f/cm²、径面 351kg f/cm²、弦面 367kg f/cm²[27]。樟木硬度适中，加工容易，切面光滑。具有樟脑香气，耐腐防虫，耐水湿，不翘不裂，保存期长，是木材中的珍品，列樟、梓、楠、桐江南四大名木之首，自古以来受到国人的普遍喜爱。

五、化工原料

樟树除了表皮、形成层、韧皮纤维以外，几乎其他各个组织中都分布有油细胞和贮油细胞，内含樟脑、樟油等，是医药、化工、香料等工业的重要原料。

樟树在医药上具有抗血栓、抗动脉硬化、抗肿瘤、抗氧化衰老等作用，民间主要用于治疗风湿痹痛、水火烫伤、疮疡肿毒、疥癣皮肤瘙痒、毒虫咬伤等[28]。樟脑用作中枢神经兴奋药和局部刺激药，一般内服的十滴水、仁丹等都含有樟脑；樟脑的酒精溶液对风湿、冻疮等有一定的疗效。孙崇鲁等研究了樟树叶不同溶剂提取物清除 1,1 - 二苯基 - 2 - 三硝基苯肼(DPPH)自由基的作用，结果表明，樟树叶的石油醚、三氯甲烷、乙酸乙酯、正丁醇和水溶剂提取物均有抗氧化活性，它们对 DPPH 的 IC_{50} 分别为 6.0038mg/mL、1.3298mg/mL、0.3987mg/mL、0.3467mg/mL、5.0870mg/mL，正丁醇提取物的抗氧化能力最强[29]。

    芳樟醇是世界上用途最广、用量最大的香料之一，既可直接用于调香，又可制造柠檬醛合成紫罗兰香酮，还可制天竺葵醇，乙酸芳樟酯等。张国防等利用 GC – MS 法对福建 329 份樟树叶混合精油的化学成分进测定，总离子图共显示出 64 个峰，经质谱库检索与标准谱图对照分析，鉴定出 58 个成分，占叶油总相对含量的 96.909%。相对含量较高的化学成分有芳樟醇（43.732%）、樟脑（14.431%）、1,8 – 桉叶油素（10.457%）、黄樟油素（7.079%）、A – 松油醇（2.570%）和 B – 水芹烯（2.231%）等，共占叶精油化学成分总含量的 80.5%[30]。此外，国内外许多学者在樟油化学组分测定分析、生化类型划分、樟脑提取和制取等方面均作出了富有成效的工作，为深入利用樟树资源奠定了技术基础[2]。

第二章

樟树的分布与生长环境

第一节　樟树的自然分布

樟树是我国长江以南中亚热带常绿阔叶林代表树种，分布区为北纬10°~31°37′，东经88°~122°之间。主要产地为台湾、福建、江西、广东、湖南、湖北、云南、浙江等地。多生于低山平原，垂直分布一般在海拔500~600m，但越往南，其垂直分布就越高，在湘贵交界处可达海拔1000m。台湾海拔1800m的高山上还有天然生的樟树，但以海拔1500m以下的生长最茂盛[19]。

第二节　樟树的引种栽培分布

随着全球气候变暖[31]，我国适合樟树栽种的地区也逐步向北发展。目前，不仅江淮地区的苏中、皖中等地在广泛栽培，淮河以北的苏北、皖北、河南、山东以及陕西关中等城市也开始引种樟树，引种范围覆盖142个县、区和27个县、区的部分区域[32]。

一、苏北与皖北地区樟树的引种栽培

根据文献资料，近代苏北地区引种樟树至少有50年以上的历史[33]。

江苏盐城地区，据周云峰2006年的报告，樟树栽植已由在小环境零星分布变为较有规模的城市绿化应用。盐城人民公园引种的樟树最大树龄已超过40年，胸径达到50cm，

冠幅超过了20m；盐城市区毓龙东路、越河东路等东西走向的道路上均有20世纪80年代末期栽植的樟树，胸径已达到25～30cm；盐城工学院迎宾大道校区1990年栽种的胸径6～7cm的樟树，现在最大的胸径已经超过30cm。报告认为，随着全球气候变暖，盐城引种栽培樟树具有一定的潜力。扩大栽培的技术措施，一是选育耐寒单株，采集已引种驯化的大树种子繁育苗木；二是采用综合技术提高移植成活率。包括采用纬度偏北（如苏南、浙北地区）樟树种源，大苗，带宿土，在每年的3月25日～5月5日之间移植；栽植时用激素浸根、浇灌；选择城市避风向阳的小环境和土壤疏松、湿润的立地栽植等[34]。

江苏淮安市从1998年开始在居民小区引种栽植樟树，到2010年，道路绿化、街头游园、公园绿地都能看到樟树的身影，规格从胸径10～40cm不等，数量不断增加。其中，淮安市火车站绿化应用胸径10～30cm的樟树521株，占全部乔木的1/3；翔宇大道、和平路行道树栽植胸径18cm的樟树近2000株。樟树已经逐渐成为淮安绿化不可缺的树种之一。引种调查表明，选择跟淮安地区气候条件接近或经过一定抗寒锻炼的苗木，在4月上旬～6月上旬之间栽植，栽种之前换上种植土，并施略带酸性的基肥，加强栽后肥水管理，是保证樟树种植成功的关键[35]。

安徽淮北地区各城镇都有不同规模的樟树引种栽培，应用最多的是作为行道树，其中规模较大的阜阳生态乐园有4000多株。住宅小区、学校、机关庭院及厂矿企业等作为庭荫树广为应用，还用于公园片林、风景林带等，取得了良好的防护和景观效果。主要栽培技术措施，一是慎重引种，注意微环境选择，不宜在风口处、土壤pH值8.3以上的立地栽植。二是科学选用苗木，尽量选用长江以北地区培育的优质苗木。苗木要求苗龄5年以上的移植苗，胸径8cm以上，保留一、二级侧枝，忌截冠栽植，土球直径为苗木胸径的8～10倍、高度40～60cm。三是精细栽植。土壤条件不良时要适当改良，必要时进行客土种植；适当施以有机肥，改善土壤性质；立地低洼、易积水时，需做好排水处理；适当浅栽，切忌深栽；栽植时间3月中下旬至6月上旬为宜；做好支撑，以防树木歪斜、倒伏、影响成活和生长。四是强化养护。栽后2～3年内需进行保暖防寒；同时，需要加强病虫害防控，特别是黄化病的防治[36]。

二、鲁中南地区樟树的引种栽培

山东鲁中南地区的临沂、枣庄、泰安、日照等地区均开展了樟树的引种和驯化工作。此外，位于胶东半岛的青岛、烟台等地也有少量引种[37]。

据2008年临沂师范学院（现临沂大学）的调查，其引种的樟树最大树龄已超过12年，胸径达到30cm，冠幅超过了8m，并已开花结果，种子和幼苗能够正常萌发、生长[38]。临沂市动植物园、临沂师范学院北校区引种的樟树，胸径已由引种时的8cm长到20～25cm[39]。枣庄市在2005～2007年冬移植了胸径为10～55cm的樟树600多株，树龄最大者近80年，成活率达98%[40]。

临沂市沂水县龙山苗圃于2008年12月进行樟树育苗试验。试验种子为从江西会昌购进的樟树浆果；试验地土质沙壤，pH7.8，有机质含量8.1g/kg，速效氮40.1mg/kg，速效磷1.15mg/kg，速效钾68.4mg/kg。结果为，精选播种后出苗率98%，苗全苗齐；1年生苗的年生长周期分为出苗期（4月下旬至5月初）、幼苗期（5～6月）、速生期（7月至9月中旬)和苗木硬化期(9月下旬至10月下旬),11月上旬新梢封顶,下旬粗生长停止。对苗木采取一定的越冬防护措施,翌年生长良好,苗高、地径年平均生长量分别为0.87m、0.99cm[41]。

山东科技大学毛春英从1996年开始进行樟树北引育苗驯化试验。种子采集自杭州大学校园,树干直径18~20cm、长势健壮旺盛、处于壮龄期的樟树。试验地点在泰安市西郊的西校区苗圃,典型的丘陵薄地。经过7年培育驯化,苗木的平均胸径4.1cm,最大胸径5.6cm,平均树高273cm,最高达到340cm。其中,2000年5月有一株开花,2001年有2株开花,到2002年,干径在2cm以上的植株全部开花,并在9株樟树上采到了98粒成熟种子,为樟树的进一步北移提供了物质基础[42]。

三、中原河南地区樟树的引种栽培

地处中原的河南省,引种栽培樟树的历史较长、地区较多。郑州市紫荆山公园、郑州大学、郑州机械专科学校及周口沙河闸口、平顶山帘子布厂、南阳白河宾馆、南阳油田家属院等地有30年以上樟树大树[43]。郑州市于1997年1月、1998年2月、1999年3月和2000年3月,分四批从湖南、江苏、河南南阳等地引进樟树苗木,在郑州市紫荆山公园、河南黄河迎宾馆、石佛苗圃等不同小气候环境条件下的樟树引种成活率调查表明,4批的总和平均成活率79.9%。其围径、冠径、枝长生长量,第一年分别为0.16cm、106.5cm、86cm;第二年分别为0.71cm、196.0cm、128.5cm;第三年分别为1.53cm、254.0cm、161.5cm[44]。其中,黄河迎宾馆种植当年成活率为87%。种植3年后的平均成活率,列植于迎风口的为80%;群植于半阴处的为87%,群植于背风向阳处的为89%。樟树死亡的原因主要是冻害和土壤偏碱性,造成树体严重缺铁,影响光合作用的正常进行[45]。

黄淮学院(河南驻马店市)田士林等于2002~2005年连续3年在黄淮学院后山试验田,研究了不同苗木规格与防冻措施对樟树成活率与生长量的影响。试验苗按米径分为1~2cm、3~4cm、5~6cm这3个级别。2003年的结果为,无防寒措施的成活率64%~86%,采用树干裹草绑膜防冻措施的成活率72%~94%。2004年冬极端最低气温-14.3℃,试验结果为,无防寒措施的成活率66%~86%,采用防寒措施的成活率74%~94%,以米径5~6cm采用防寒措施的成活率最高。2005年冬极端最低气温-9.7℃,试验结果为,无防寒措施的苗木成活率72%~88%,采用防寒措施的成活率78%~96%。各试验处理的成活率均随着米径的增加而提高。苗木生长状况3项测定指标均显示,栽植第1年,原米径1~2cm小苗明显高于原米径5~6cm大苗;栽植第3年,原米径1~2cm小苗低于原米径5~6cm的大苗木[46]。

焦作市从2000年开始,先后从湖北孝感引进近千棵3cm以上樟树,平均成活率87.9%。经过苗圃1年种植后,工程应用栽植成活率达93.6%。研究认为,适宜的引种栽植技术为:从樟树自然分布的最北缘引进种源,采用较大规格、经过倒栽、侧须根发达、土球完好的切根苗,在3月下旬栽植;栽后浇水与常规的不干不浇、浇就浇透的方法不同,应小水勤浇,以适应樟树对湿润土壤和环境的要求[47]。

四、陕西关中地区樟树的引种栽培

在陕西关中地区,樟树作为陕西关中地区能够露地越冬的129种常绿阔叶植物之一,已在园林中有所应用[48]。西安高科园林景观工程有限责任公司于2007年4月中旬，从湖南省常德市引较小规格(胸径7.0~8.5cm)樟树30株，较大规格(胸径13~17cm)樟树11株，在木塔寺遗址公园栽种较小规格樟树10株，其余的种植于公司南八元苗木花卉基地。试种结果表明，中小规格樟树苗木不能正常越冬，小环境条件下部分樟树能正常越冬，大规格的樟树能正常越冬[49]。

第三节　樟树自然生长环境

一、光热环境

光热是影响植物生长发育的重要因素。从热量角度来看，衡量大气热状况的是气温，随地球纬度、海拔高度、下垫面特征等发生变化。

樟树分布区为北纬10°~31°37′，东经88°~122°之间。垂直分布一般在海拔600m以下，但越向南越高，在湘鄂交界处可达1000m，台湾中部1800m的高山上还有天然分布，但以海拔1500m以下生长最茂盛。又据冯学民等利用我国1951~1980年间30个省(直辖市、自治区)150个观测点数据的研究结果，我国土面下50cm土壤年均温度(y)与纬度(L)、海拔高度(H)、年均气温(T)存在着$\hat{y} = 40.2495 - 0.7166L - 0.0024H$($r = 0.9515$)，$\hat{y} = 2.9001 + 0.9513T$($r = 0.9889$)的极显著相关关系[50]。依此公式，并按北纬32°、海拔60~600m推算，樟树自然分布的低限年均气温约为13.6~15℃。此推算结果与王中生提出的樟树生境条件之年均温12~18℃基本一致[51]。

研究表明，植物的抗寒性一方面受自身系统发育的遗传基因所控制，同时又受个体发育过程中生理生态因子的作用。樟树1~2年生幼苗的冻害临界值最低温为-7℃，5年生幼树为-14℃[52]。3年生樟树在-9℃时叶片受冻，嫩枝、芽正常萌发；5年生樟树-13℃时叶片完好不受冻，-14℃时叶片受冻枯萎，嫩枝、顶芽受冻；7年生樟树在-15℃时只有叶片受冻，枝芽均未受冻[42]。另一方面，同样大小的樟树，随着低温胁迫程度的变化，抗寒能力也产生相应变化。以江苏省徐州市为例，其气温每年10月开始明显降低，1月达到最低，2月开始逐渐回升；樟树LT$_{50}$(低温半致死温度)值，10月为-3.139℃，11月为-10.893℃，12月为-13.407℃，1月为-14.604℃，2月为-11.999℃，3月为-8.675℃。LT$_{50}$由低到高，再逐渐降低，说明该树种采取循序渐进的方式适应温度变化[53]。黑海之滨的格鲁吉亚也建有樟树种植园，那里冬季有较多的-11℃以下的低温期，说明樟树有很强的抗寒能力。但严寒对樟树生长是非常不利的，特别是幼树、嫩枝对低温和霜冻很敏感[2]。

樟树各个生长发育阶段对阳光的要求有所不同。幼时喜适当庇荫，长到高2~3m时即喜阳光，壮年时更需阳光[11]。在河南南阳进行的樟树幼树光合特性(正常大气条件下)的研究结果为，樟树叶片夏季光饱和点1300μmol/(m²·s)，光补偿点32.64μmol/(m²·s)，表观光量子效率0.0228；秋季光饱和点1250μmol/(m²·s)，光补偿点25.06μmol/(m²·s)，表观光量子效率0.0188。较低的光补偿点、较高的光饱和点和较大的表观光量子效率，表明樟树幼树是一种较耐阴的阳性植物[54]。

二、雨量环境

樟树适生的雨量环境与湿度环境的研究较少。一般认为，樟树适生于年降水量700～1800mm的地区[8]。如果年降水量少于600mm，或者多于2600mm，对樟树生长发育产生不良影响[11]。

三、土壤环境

樟树为深根性树种，自然分布于亚热带土壤肥沃的向阳山坡、谷地及河岸平地。

樟树对土壤要求不太严格，除含盐量高于0.2%的盐碱土外都能生长，但以湿润、深厚、肥沃的酸性至中性的红壤、黄壤及石灰岩发育的土壤最为适宜[2]。

在我国樟树林主要分布区的4大立地类型中，河岸滩洲樟树林的土壤为冲积土（灰潮土），成土物质主要为硅铝质风化物或河床沉积物上发育而成的土壤。质地为沙土，呈酸性反应，pH5～6，地下水位稳定在1～1.5m以下。丘陵樟树林的土壤为石灰岩风化发育而成的红黄壤。岗地樟树林土壤为第四纪红色黏土发育而成的红壤，土壤通透性较差。山地天然樟树林土壤为山地红壤，质地轻黏壤—轻壤土，pH4.5～5.0，腐殖质含量1.34%～3.06%，全氮0.12145%～0.1371%，磷6.3～5.1mg/kg，钾208～262mg/kg。树干解析表明，不同立地类型樟树林的生长发育规律基本一致，所不同的主要是生长量有所差异。其中，由第四纪红色黏土发育而成的红壤上的樟树生长量，明显低于河床沉积物上发育而成的土壤上的樟树生长量[11]。

土壤质地不同，对樟树生长的影响也很明显。发育在沙岩上的粉沙质厚层山地黄壤，表土属于粉沙质地，物理性状较差，遇水松散，淀浆而沉实，结构不良，通气透水性差，樟树生长不良。沙页岩发育的重壤质厚层山地红壤，矿质黏粒与活性有机胶体较多，土壤团粒结构多，物理性能好，保水、通气性能良好，樟树生长快[11]。

四、植物群落

调查研究表明，我国江南各地天然或次生樟树很少有纯林存在，多呈与其他阔叶树组成常绿阔叶林。福建三明天然樟树林群落中乔灌层有植物35种，其中，重要值在5以上的种群有6个。除樟树外，优势种群依次为淡竹（*Phyllostachys glauca*）、江南桤木（*Alnus trabecalosa*）、柃木（*Eurya japonica*）、方竹（*Chimonobambusa quadrangularis*）、黄瑞木（*Adinandra millettii*）；物种多样性指数Shannon – Wiene指数（H）2.54699，Maclntoch指数（D）0.634811，Simpon指数0.155574，均匀度指数（J）0.496559，Margalef指数（R）5.686678。樟树天然群落的物种组成丰富[55]。

樟树自然分布区的樟树林根据立地类型不同，可以分为河岸滩洲樟树林、丘陵樟树林、岗地樟树林和山地天然樟树林等类型。根据樟树林的自然分布形式，有带状、块状、团状和单株、零星等类型。其中，带状分布多见于山丘、平原的溪畔。块状分布多为纯林或以樟树为优势种的常绿阔叶林。团状分布多见于村前屋旁，常为几株或十几株构成团状林分。单株零星分布多见于名胜古迹、庙宇祠庵、路边、地头。零星分布的樟树多见于遭到破坏的常绿阔叶林或针阔混交林。

江西河岸滩洲天然樟树混交林的典型结构是，第一层立木为樟树，第二层以光叶石楠（*Photinia glabra*）为主，其他树种有河柳（*Salix matsudana*）、黄连木（*Pistacia chinensis*）、乌桕（*Sapium sebiferum*）等。灌木层优势种为黄荆（*Virex negundo*）、算盘子（*Glochidion puberum*），常见种有白檀（*Symplocos paniculata*）、柞木（*Xylodms jsponicum*）等，其他苗木有乌桕、苦楝（*Melia azedarach*）、枫香（*Liguidambar fomnosana*）、榔榆（*Ulmus parvifolia*）、无患子（*Sapindus mukorossi*）等。由天然下种更新，经过有目的地伐除培育而成的樟树纯林，其灌木层一般高度在2m以下，覆盖度30%左右。优势种为牡荆（*Vitex cannabifolia*）。常见种有金樱子（*Rosa laevigata*）、胡颓子（*Elaeagnus pungens*）等。层外植物有菝葜（*Smilax china*）等。林冠下树种除天然下种的樟树外，其他树种有乌桕、枫杨（*Pterocarya stenoptera*）、梧桐（*Firmiana simplex*）、合欢（*Albizzia julibrissin*）、苦楝等。

丘陵樟树林的典型结构是，第一层林木除樟树外，还有冬青（*Ilex chinensis*）。第二层立木主要有萌芽的樟树和黄连木、马尾松（*Pinus massoniana*）等。林冠下幼林主要有冬青、梧桐（*Firmiana platanifolia*）、油茶（*Camellia oleifera*）、侧柏（*Platycladus orientalis*）等。灌木主要有悬钩子（*Rubus corchorifolius*）、胡枝子（*Lespedeza bicolor*）、山胡椒（*Lindera glauca*）等。

岗地樟树林的灌木层有盐肤木（*Rhus chinensis*）、白檀及大青（*Clerodendron cyrtophyllum*）等。草本层优势种为芒（*Miscanthus sinensis*），常见种有莎草（*Cyperus rotundus*，即香附子——编著者注）、狗尾草（*Setaria viridis*）、梨头草（*Violajaponica*）等。林冠下苗木有樟树和木荷（*Schima superpa*）等。

山地天然樟树混交林多为樟树与闽楠（*Phcebe bournei*）、栲树（*Castanopsis fargesii*）、枫香、苦槠（*Castanopsis sclerop*）、木荷组成的半人工常绿阔叶林。下木有鼠刺（*Itea chinensis*）、油茶、朱砂根（*Ardisia crenata*）等。草本地被以狗脊（*Wcodwardia japonica*）、莎草、高良姜（*Alpinia officinarum*）为主。层外植物有南蛇藤（*Celastrus orbiculatus*）、鸡血藤（*Kadsura interior*）等。林下天然更新的幼苗以闽楠占优势，其次为木荷、栲树、苦槠等。

不论哪个类型的樟树林，其林木分化现象均很明显，被压木与优势木生长相差悬殊，各龄阶树高、胸径和材积生长均以优势木生长最好，一般要超出被压木的50%～60%；不论哪个类型的樟树林，树干解析平均生长曲线与连年生长曲线均未相交，117年生的樟树亦不例外，说明樟树是一个速生长寿树种[11]。

第四节　北方主要樟树引种区栽培条件分析

影响植物分布的因素有气候、土壤、地形、生物以及人类活动等[56]。地带性植物分布主要受气候因素支配，多分布在特定气候带的显域生境。非地带性植被的分布与土壤因素密切相关，同样的植被类型可见于不同气候带的相似土壤上。樟树为中亚热带分布的地带性植物，具有喜暖湿的生物学特性，气候因素是限制其自然分布的主要因素。同时，樟树喜肥沃，土层深厚，pH酸性至中性的沙质壤土、轻沙壤土的黄壤、红壤、红黄壤、冲积土[57]。因此，土壤因子对其分布也具有一定的影响。

一、主要引种区气候条件

樟树目前在北方的主要引种地区的气候条件列如表2-1。

以樟树自然分布北缘—江苏宜(宜兴)溧(溧阳)地区气候条件为参照,各引种区的年日照时数高约 200～400 小时,但年均温度低约 1～3℃,最冷月(1 月)平均气温低约 1.7～6℃,最热月(7 月)平均气温低约 0～2℃,年极端低温低约 6～8℃,年极端高温低约 1.6℃到约高 5℃,年降水量低约 25%～50%,无霜期少约 30～50 天。其中,淮北地区年日照时数高约 300～400 小时,年均温度低约 0.5～2.3℃,最冷月平均气温低约 0.7～2.5℃,最热月平均气温低约 0.4～0.6℃,年极端低温低约 5～6℃,年极端高温基本持平,年降水量约低 25%,无霜期少约 20～30 天。鲁中南地区年日照时数高约 500～600 小时,年均温度低约 3.2～3.8℃,最冷月平均气温低约 5～5.5℃,最热月平均气温低约 0～2℃,年极端低温低约 3～10℃,年极端高温高约 2℃,年降水量约低 50%,无霜期少约 40～50 天。中原(河南)地区年日照时数高约 400～500 小时,年均温度低约 1～2℃,最冷月平均气温低约 3℃,最热月平均气温低约 1℃,年极端低温低约 10℃,年极端高温高约 4～5℃,年降水量约低 50%,无霜期少约 20～30 天。陕西关中地区年日照时数高约 200～500 小时,年均温度低约 2.5℃,最冷月平均气温低约 3.5℃,最热月平均气温低约 2℃,年极端低温低约 6～13℃,年极端高温高约 5℃,年降水量约低 50%,无霜期少约 30～40 天。

从上述各引种地气候条件比较结果看,冬季低温和年降水量与参照区差异较大,是限制樟树分布的主要气候因子。由樟树适应低温能力看,各引种地区在正常年份气温条件下,基本可以达到樟树栽植所需要的温度下限。

表 2-1　北方主要樟树引种区气候条件比较

引种地区	地理位置		年日照时数(h)	年均气温(℃)	最冷月平均气温(℃)	最热月平均气温(℃)	年极端最低温(℃)	年极端最高温(℃)	年均降水量(mm)	无霜期(d)
	北纬	东经								
江苏宜溧地区	31°07′～31°37′	119°08′～120°03′	1834～1933	16～15.5	2.7～3.5	28.1～28.3	-8.2～-15.3	38.8～38.6	1295～1161	250～240
江苏淮安市	32°43′～34°06′	118°12′～119°36′	2136～2411	14.1～14.8	1.1～1.9	26.9	-21	39.5	906～1007	210～225
江苏盐城市	32°34′～34°28′	119°27′～120°54′	2280	13.7～14.5	1	26.7	-14.3	37.2	785～1309	209～218
安徽亳州市	32°51′～35°05′	115°53′～116°49′	2240.5	14.6	0.6	27.5	-20.6	42.1	800～950	200～220
山东临沂市	34°22′～36°13′	117°24′～119°11′	2400～2530	13.3～14	-1.5～-2.8	26～28	-11.1	38.8	850～950	180～230
山东泰安市	35°38′～36°28′	116°02′～117°59′	2342～3413	12.9	-2.6	26.4	-18.5	41	697	195
山东沂水县	35°36′～36°13′	118°13′～119°03′	2362.6	13	-1.8	25.7	-17.2	41.7	714.6	200
河南驻马店市	32°18′～33°35′	113°10′～115°12′	1958.6	15.1	1.4	27.4	-18.1	41.9	938.5	216
河南郑州市	34°16′～34°58′	112°42′～114°13′	2137.3	14.9	1.6	27.3	-17.9	43	618.2	220
河南焦作市	35°10′～35°21′	113°4′～113°26′	2200～2400	12.8～14.8	-3～-1	27～28	-17.9	43.3	600～700	216～240
陕西西安市	33°42′～34°45′	107°40′～109°49′	2000～2500	13～13.7	-1.2～0	26.3～26.6	-21.2	43.4	522～719	210～230

注:数据根据参考文献和当地政府门户网站资料等整理。

各引种地年降水量仅为参照地的50%~75%，年降水量偏少，且时间分布不均，但雨热同季，有利樟树生长。另一方面，各地引种樟树均为丰富园林绿化景观的目的，管理强度高，在干旱季节可以采取人工浇水的办法来满足樟树对土壤水分的需要。

二、主要引种区土壤条件

北方樟树引种区的土壤与樟树自然分布区土壤相比差异较大。同时，引种又集中于城市区域，土壤质量退化严重，空间异质性高，引种过程中必须对定植点区域进行土壤置换改良，亦即"改地适树"。

(一)引种区基本土壤类型

北方主要樟树引种区位于华北平原(又称黄淮海平原)南部的黄淮地区和山东丘陵区。区内分布最广的土壤类型为潮土，其次为褐土和棕壤[58]，此外，还间杂分布有砂姜黑土、沼泽土、内陆盐渍土等[59]。

潮土广泛分布于黄河冲积平原区。潮土的成土母质主要为近代黄河泛滥沉积物，富含钙质，碳酸钙含量一般为6%~14%，呈微碱性至碱性。质地分选明显，河流近处质地粗，远处质地细，在同一处由于不同时间河流泛滥，常有不同程度的沙黏间层；代换量变化较大，黏质土为20~30coml(+)/kg，轻壤土为8~18coml(+)/kg；钾含量高，有效磷缺乏，耕层有机质只有0.5%左右。

黄淮平原的褐土发育于太行山第四季洪积冲积物。苏北、淮北、鲁中山地中下部和山前平原地带的褐土主要为石灰岩、钙质沙页岩、玄武岩等风化残积物，或富含钙质的厚层黄土及黄土堆积物。土壤的特征是，在腐殖质层之下，黏化层呈棕色，在较紧实的钙积层中，钙质新生体多呈白色假菌体或结核存在。褐土多具壤质和重壤的性质，自然肥力较高。褐土分布区因地势较高，地下水埋深在4~6m以下，土壤有一定的淋溶作用，无盐碱化现象；土壤黏重，盐基交换量低，仅15coml(+)/kg；pH值呈中性至微碱性。但苏北和淮北地区的淋溶褐土，因淋溶作用比较强，代换性盐基总量为21~30coml(+)/kg，pH6.2~6.5，有机质多为1%左右。

棕壤主要分布于苏北、淮北低山丘陵区，胶东和沭东丘陵区及鲁中南山区。为花岗岩、片麻岩、石英斑岩等酸性岩石的残积物所形成的土壤。淋溶作用比较强，土壤中可溶性盐和碳酸盐都被淋失，土壤一般呈微酸性至中性，无石灰反应，代换性盐基总量一般为10~20coml(+)/kg，含钾量较高，有机质含量低。

砂姜黑土成土母质为黄土性古河流沉积物，含有多量游离碳酸钙。有黑土层和砂姜层两个基本发生层。黑土层厚约30~40cm，为重壤土至轻黏土，中性至微碱性，pH7~8；砂姜层位于黑土层之下，由于母质含碳酸钙丰富，土壤干湿交替，潮湿季节促使碳酸钙淋溶，干旱季节促进碳酸钙沉积，因此形成了不同程度的砂姜。

内陆盐渍土广泛分布于黄淮海平原地区，主要由于干湿季节明显，地形平坦，排水不畅，高处淋洗来的重碳酸钠、碳酸钠等碱性盐类，汇集在地下水中。当地下水埋深高出临界水位而地下水矿化度又较高时，因毛管作用，水分不断蒸发，盐分逐渐积累，形成了土壤盐渍化过程。盐化潮土一般表土含盐量0.15%~0.6%。碱化潮土一般表土含盐量

0.1%~0.3%，碱性强，pH8.5~9.5，质地较轻，渗透性弱。

（二）城市土壤的质量退化

土壤质量指土壤在生态系统中保持生物生产力，维持环境质量，促进植物和动物健康的能力。城市土壤指具有人为的、非农业作用形成的，由于土地的混合、填埋或污染而形成的厚度大于或等于50cm层次的城区或郊区土壤[60]。人为土壤扰动作用（Anthro-pedoturbation）是城市土壤一个很明显的特征，土壤质量呈高度的时空异质性。城市化过程中土壤质量的退化，包括物理的、化学的和生物学的等方面。物理退化主要体现在人为干扰使土壤剖面结构混乱与发育形态异常；压实导致容重增加，水分入渗速率降低，从而使降雨时地表径流系数增加，非点源污染负荷升高，对城市水体污染产生明显的影响等。化学退化主要体现在土壤中的有机和无机污染物含量显著增加。生物学退化主要表现为土壤生态功能转变或丧失，生物多样性丧失[61,62,63]。

在从自然土壤到森林土壤和农业土壤，最终演变为城市土壤的过程中，土壤容重为原始未受人为影响的自然土壤最小，农业老耕地土壤其次，森林土壤再次，城市土壤最大。城市绿化用地20~40cm土壤容重分别比森林土壤和农业土壤提高17.7%~43.7%和35.4%~93.9%，总孔隙度降低1.9%~13.0%和34.1%~52.4%，土壤饱和持水量分别降低16.6%~39.5%和60.0%。城市土壤的草坪用地和绿化用地表层土壤有机质比森林土壤降低82.0%~95.9%和77.1%~94.8%；比农业老耕地土壤降低86.6%和82.9%；比自然土壤降低96.1%和95.0%。0~60cm土层城市土壤全氮、速效氮降低；全磷和有效磷均比森林土壤提高70.1%~117.4%和173.5%~222.1%，比农业土壤提高44.9%~161.2%和98.4%~694.4%，磷在城市土壤中富营养化现象严重。在土壤演变过程中0~60cm土层pH值没有明显变化[64]。

土壤压实是城市土壤物理退化的主要形式。土壤压实的直接后果是土壤容重增大、孔隙度减小，渗透性显著降低。正常土壤的容重约为1.3g/cm³左右，但是大部分城市土壤的容重都高于此值。如南京市的土壤容重在1.14~1.70g/cm³之间，大部分土壤表层容重超过了植物生长所需要的理想值[65]；长春市人民大街街路行道树栽种池内与地面砖下的土壤容重值分别为1.76g/cm³和1.72g/cm³；北京颐和园硬覆盖条件下20~30cm的土层土壤容重达(1.67±0.11)g/cm³[66]；香港的行道树的土壤容重从1.14~2.63g/cm³，平均为1.67g/cm³，压实严重[67]。

城市土壤中常常混有建筑废弃物、水泥、砖块和其他碱性混合物等，其中的Ca向土壤中释放；另外，大量含碳酸盐灰尘的沉降，水泥风化向土壤中释放Ca，土壤中碳酸盐与碳酸反应形成重碳酸盐等因素导致城市土壤pH与自然土壤差异明显，使城市绿地土壤中pH值明显高于自然土壤，土壤趋向碱性是城市土壤的显著特征，且pH在土壤剖面呈无规律分布[68,69,70,71,72]。

由于城市生态系统中物质循环过程不闭合的特点，决定了城市土壤是养分和污染物末端固定者，因而城市土壤是一个人为的某些元素的地球化学"垒"（barrier）。城市土壤重金属污染主要涉及Cu、Zn、Pb和Hg，这几种元素是典型的"城市重金属"，而其他元素的富集并不明显。交通和工业活动是造成城市土壤重金属含量普遍比近郊土壤高的主要因素[73]。其中，Pb主要来源于含铅汽油的燃烧排放，Zn主要来源于机动车轮胎磨损产生的含 Zn 粉尘[74]。公路两侧土壤中铅的含量与到公路边沿的距离符合高斯衰减分布模型，公路两侧土壤中铅的99%以上累积量分布在50m 的范围内[75]。土壤是 PAHs（多环芳烃）重要的汇集地。人类活动是环境中 PAHs 的主要来源，包括化石和生物质燃料的燃烧和废物的处理（垃圾焚化等）[76]。城市土壤中的多环芳烃（PAHs）、多氯联苯（PCBs）、多氯联萘（PCNs）等持久性或难降解有机污染物在工业区和居住区花园绿地附近的含量较高，是农田土壤中含量的几倍，并呈现从中心城区向郊区逐渐递减的趋势[77]。

（三）城市土壤质量退化对植物生长的影响

城市土壤质量退化对植物生长的影响是全方位的。

一般来说，土壤容重在 $1.1 \sim 1.4 g/cm^3$ 之间较有利于植物根系正常生长。土壤容重达到 $1.4 \sim 1.50 g/cm^3$ 时，植物根系已难伸入，而达到 $1.60 g/cm^3$，已是根系穿插的临界点，有的黏土容重在 $1.55 g/cm^3$ 时植物的根系就无法穿入了。适于植物生长发育的土壤总孔隙度为 $50\% \sim 56\%$，通气孔隙度最少在 10% 以上，如能达到 $15\% \sim 20\%$ 则更好[78]。如果土壤通气孔隙度减少到 15% 以下时，根系生长受阻；土壤通气孔隙度减少到 9% 以下时，根严重缺氧，进行无氧呼吸而产生酒精积累，引起根中毒死亡[79]。植物只有在土壤密实度适中——土壤硬度 $0.8 \sim 8 kg/cm^2$，土壤容重 $0.9 \sim 1.45 g/cm^3$ 的较疏松土壤上，水、肥、气适宜，树木才容易扎根，根系发达，枝叶繁茂。由于压实的影响，土壤物理性质发生了显著的改变，结构破坏、容重和硬度增大、孔隙度和渗透性降低，改变了土壤的固、液、气三相比，影响树木根系穿透和土壤生物可存在的空间，对土壤生物活动、土壤物理—化学平衡和氧化还原状况、土壤的过滤和缓冲性能都产生影响，并进而使植物的生长也受到严重的影响[80]。

表 2-2　不同质地的土壤容重与植物生长的关系[80]

土壤质地	土壤容重（g/cm³）		
	理想的	影响植物生长的	限制植物生长的
沙土，沙壤土	<1.60	1.69	>1.80
沙壤土，壤土	<1.40	1.63	>1.80
沙质黏壤土，壤土，黏壤土	<1.40	1.60	>1.75
粉土，粉壤土	<1.30	1.60	>1.75
粉壤土，粉黏土，壤土	<1.10	1.55	>1.65
沙黏土，粉黏土，黏壤土（黏粒含量35%~45%）	<1.10	1.49	>1.58
黏土（黏粒含量>45%）	<1.10	1.39	>1.47

城市人行道和公园、广场等硬覆盖不仅使雨水不能渗入土壤，还阻止土壤与大气的气体交换，使土壤中产生的 CO_2 不能向空气中扩散，空气中的 O_2 不能进入土壤，导致硬覆盖以下土壤 CO_2 浓度过高（一般土壤中 CO_2 的质量分数为 $0.15\% \sim 0.65\%$，北京市内公园路面下土壤 CO_2 在 3% 以上）。当土壤中 CO_2 积累过多时，会产生毒害作用，对植物根系的呼吸作用和吸收机能产生不利影响，使根系不能扩展，缺少根毛，导致植物窒息死亡[81]。城市土壤往往由于缺氧造成根系短而粗、颜色发暗，生理活动受阻，吸收能力大幅度下降。由于缺氧和一些还原性气体的增多，造成根系毒害，使根系染病率上升，严重的导致树木

死亡。另外，硬覆盖环境会造成土壤温度突然降低，超过树木正常的耐受范围，植物细胞没有经过适应寒冷的生理机能变化，造成植物细胞的胞间和胞内结冰，破坏了细胞结构，致使细胞破裂、死亡。这种温度的变化对行道树的生长极为不利，直接导致绿化树生长势衰弱[66]。

城市土壤遭受污染后，还导致土壤微生物特性的显著变化。土壤微生物活性对生态系统稳定性以及土壤肥力有着直接影响，微生物机体在建立生物地球化学循环方面起着基础作用，并参与形成土壤结构体。与农业土壤相比，城市土壤微生物的基底呼吸作用明显增强，但微生物生物量却显著降低，微生物的一些生理生态参数值明显升高，对能源碳的消耗量和速度也明显提高[82]。在重金属胁迫下，土壤微生物总数下降，各主要生理类群数量均呈下降趋势，土壤酶活性减弱，土壤生化作用强度降低；微生物特征发生显著变化，基底呼吸作用明显增强，微生物量却显著降低，微生物生理参数 cmiC/Corg（微生物的生物量碳与土壤有机碳之比）、qCO_2（微生物的代谢商）值明显升高[83]。

三、主要引种区气候变化特征

目前的北方主要樟树引种区，在第三纪时的气候为亚热带气候，植物区系中有丰富的热带、亚热带成分。现在没有樟树的自然分布是由于后来气候条件变冷的缘故[84]。然而，由世界气象组织（WMO）和联合国环境规划署（UNEP）建立的政府间气候变化专门委员会（IPCC）第五次评估报告（2013）指出，近一百多年来，全球气候变暖是非常明确的。1880～2012年，全球海陆表面平均温度呈线性上升趋势，升高了0.85℃；2003～2012年平均温度比1850～1900年平均温度上升了0.78℃。报告预测，相比于1850～1900年，21世纪全球平均气温增幅可能超过1.5℃乃至2℃，并且升温过程不会在2100年终止，只有实现减排力度最大的RCP2.0（Representative Concentration Pathway）情况下，才有较大可能抑制全球变暖的趋势并把升温控制在2℃以内[31]。我国科学家预测，与2000年比较，未来20～100年中国地表平均气温也将明显增加，2020年中国年平均气温将增加1.1～2.1℃，2030年增加1.5～2.8℃，2050年增加2.3～3.3℃[85]。

但是，气候变化是一个十分复杂的过程，不同的地区、不同的时段，其变化特点都是不同的，有可能是变暖变旱，也可能是变冷变湿，难以用一种不变的方法和结论去认识所有区域的气候变化特征[86,87]。目前北方主要樟树引种区地处我国南北气候分界线秦岭—淮河线北侧，特殊的地理位置使其气候具有明显的亚热带向温带过渡性质，气候资源的时空分布，除受纬度及地形的影响外，还受到季风环流的制约，冬季受冬季风，即蒙古冷高压的影响，气候干冷，雨雪稀少；夏季受夏季风，即太平洋、印度洋热低压的影响，气候湿热，降水丰沛；春、秋两季为过渡季节，是气候变化的敏感区之一[88]。气候学上通常将气候要素连续30年的平均值作为气候基本态，平均值的改变表明气候基本态发生变化。气候变化是指气候平均状态和离差（距平）两者中的1个或2个一起出现了统计意义上显著的变化[89]；气候要素时间序列的线性倾向率可用最小二乘法估计[90]。准确分析和掌握这些地区的气候变化特征，对樟树引种决策意义重大。

（一）淮北地区

淮北平原23个气象站点1957～2007年气候变率及气候基本态特征研究结果表明，近

51 年来淮北平原春、秋、冬季及年均气温增温明显，尤其是春、冬两季。夏季气温略有下降，但并未达到显著程度。各季及全年降水属于自然振荡。其中，春季降水略有减少，而夏、秋、冬季及年降水量略有增加。51 年气温的均方差，以冬季最大（1.05℃），其次是夏季（0.77℃），表明冬季和夏季气温年际变化大，易导致暖冬（凉夏）或寒冬（酷暑）。冬季气温最高（1998 年正距平 2.49℃）与最低（1967 年负距平 2.62℃）之差达 5.1℃，大于其他季节气温的最大年际差。四季和年平均气温的时间变化表明，近 51 年来淮北平原春、秋、冬三季及年平均气温分别上升了 1.7℃、1.4℃、1.3℃和 1.8℃，而夏季气温下降了 0.2℃左右。气温 30 年滑动平均值，后 30 年（1978～2007 年）比前 30 年（1957～1986 年），春季升高 0.60℃，夏季降低 0.03℃，秋季升高 0.58℃，冬季升高 0.92℃，年气温升高 0.60℃。春、秋、冬三季及年平均气温的 30 年滑动平均序列呈上升趋势。夏季气温的 30 年滑动平均序列总体上呈下降趋势，但最近几年又开始缓慢回升。表明近 51 年来淮北平原气温由低基本态向高基本态过渡，目前气温处于高气候基本态下[91]。

进一步分析淮北平原 1955～2010 年冬季气候基本要素和相关气候指标的演变特征，55 年间冬季平均气温总体呈波动上升趋势，变化范围为 -1.7～+4.9℃，冬季平均气温的气候倾向率为 0.54℃/10a，相关系数 0.67（α=0.01）。冬季气温的偏度和峰度系数分别为 0.96、-0.36，均处于各自额定系数值（±1.98、±0.99）之内，表明冬季气温序列满足正态分布。55 年间冬季日平均气温 <0℃ 的有害温度累积值的气候倾向率为 -17.5℃/10a，相关系数为 0.61（α=0.01）；负积温最多为 242.5℃·d（1956～1957 年），最少为 0.2℃·d（2006～2007 年）。55 年间冬季极端最低气温的气候倾向率为 1.2℃/10a，相关系数 0.59（α=0.01）。每年冬季极端最低气温低于 -10℃ 和 -5℃ 的日数均呈显著减少趋势，尤其是极端最低气温低于 -10℃ 的日数。2 种低温（即低于 -10℃ 和 -5℃）出现日数减少变化的气候倾向率分别为 -1.6d/10a、-5.5d/10a，相关系数分别为 0.62、0.74（α=0.01）[92]。

（二）鲁中南地区

以泰安和临沂两地为例。泰安市 1951～2008 年 58 年各季及年平均气温变化分析表明，年及各季平均气温均呈上升趋势。四季中，冬季气温升高最显著，倾向率为 0.366℃/10a；其次是春季和秋季，倾向率分别为 0.303℃/10a 和 0.100℃/10a；夏季气温上升最不明显，倾向率为 0.007℃/10a。年平均气温变化倾向率为 0.196℃/10a。说明近 58 年泰安市冬春季特别是冬季气温的显著上升对年平均气温上升所做的贡献最大。同期降水量变化则相反，呈减少趋势，年降水量 -2.838mm/10a。从季节看，春季降水量呈增加趋势；夏季和秋季呈减少趋势，其中夏季减少较快；冬季呈微弱增加趋势。说明泰安市年降水量减少是由于夏、秋季特别是夏季降水减少所致[93]。

临沂市 10 个气象台站 1961～2011 年历年逐月平均气温、逐日最高最低气温变化分析同样表现为气温增温趋势明显，且年际变化和年代际变化也趋于一致，增幅顺序依次为：年极端最低 > 冬季 > 日平均最低 > 春季 > 年度 > 秋季 > 日平均最高 > 夏季。其中，年均气温增幅为 0.25℃/10a，温度的季节性变化也不尽相同，冬季增幅最大，为 0.49℃/10a，春季 0.30℃/10a，秋季 0.24℃/10a，夏季增幅最弱，为 0.03℃/10a；年极端最低气温增幅最为显著，达 0.95℃/10a，日平均最低气温增幅则为 0.40℃/10a，日平均最高气温的增幅则不明显，为 0.14℃/10a，而年极端最高气温则呈现弱的降温趋势，降幅为 -0.05℃/10a。对临沂市年平均气温增暖进程贡献最大的是冬季平均气温和日平均最低气温的上升[94]。

（三）中原地区

根据对河南省淮河以北地区安阳、新乡、卢氏、郑州、驻马店、西峡、许昌、杞县、开封等 23 个站点 1951～2009 年的气象资料的分析，59 年来，该区气温总体呈上升趋势。整体的线性变化趋势方程为 Y = 0.0208x + 13.381，平均年增温为 0.0208℃，每百年增温 2.08℃。气温的年际变化（C. V 值），50 年代为 0.5597，60 年代为 0.5236，70 年代为 0.3693，80 年代为 0.3265，90 年代为 0.5493，21 世纪以来为 0.3713。平均气温的空间分布呈南部 > 东部 > 中部 > 北部 > 西部，郑州、洛阳、许昌、宝丰、太康处于中间位置，各个地区的气温差异较大，温度变化范围在 12.5～15.65℃。区内年平均降水变化趋势呈直线上升趋势，趋势函数为 Y = 0.478x + 684.82。表明淮河以北降水以 4.78mm/10a 的速率增加，降水量呈现波动变化趋势[95]。

四、气候变化背景下中国自然植被地理分布变化趋势预测

气候变化对生态系统产生的潜在影响已经引起了广泛关注。准确预估未来气候变化及其对生态系统的潜在影响是国际地圈与生物圈计划（IGBP）的主要研究目标。我国科学工作者广泛开展了气候—植被研究，在此摘要介绍张雷博士的工作成果。

张雷博士根据植被—气候之间静态平衡关系假设，以中国各地地带性原生植被类型为基础，筛选对植被分布有限制作用的 18 个气候因子：小于 0℃、18℃的积温，大于 5℃、18℃的积温，年平均降水（MAP，mm），年平均温度（MAT，℃），最冷月平均温度（McmT，℃）和降水（mm），最暖月平均温度（MWMT，℃）和降水（mm），平均生长季降水（MSP，mm），春夏秋冬四季降水（mm）和温度（℃），年平均湿热指数（MAT + 10）/（MAP/1000）），夏季湿热指数［（MWMT）/（MSP/1000）］，温度年较差（MWMT - MCMT，℃），温度季节性，降水季节性；采用 IPCC（2007）报告中参考的 23 个未来气候变化 GCM 模型中的 3 个未来气候情景：MIROC32_ medres，JP；CCCMA_ CGCM3，CA；BCCR - BCM2.0，NW。相应的 18 个气候变量分别是 2010～2039（2020s）、2040～2069（2050s）和 2070～2099（2080s）三个时间段 30 年的平均值；计算植物类型的气候限制参数值，然后采用随机森林算法，把植被与气候之间的相关关系进行连接，构建植被—气候关系模型，进而预测植被当前分布以及未来气候情景下的潜在分布，结果如图 2-1。从图中可以明显看到，亚热带常绿落叶阔叶混交林未来分布面积与当前相比会明显增加，分布区迁移表现为北向迁移特征[96]。

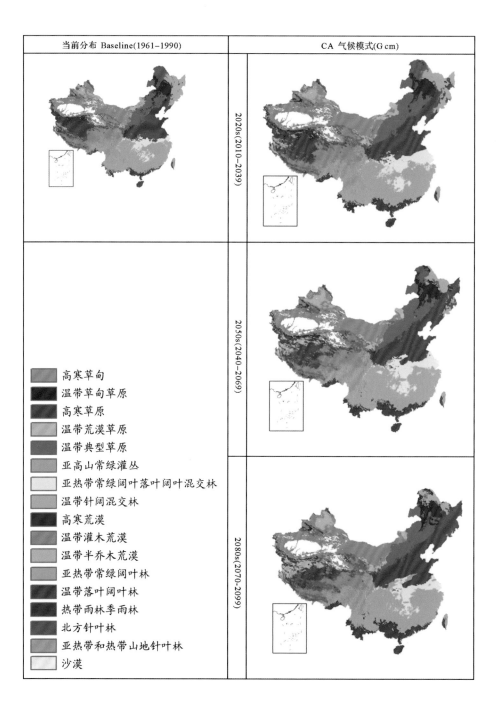

当前分布 Baseline(1961-1990)		CA 气候模式(Gcm)

图例：
- 高寒草甸
- 温带草甸草原
- 高寒草原
- 温带荒漠草原
- 温带典型草原
- 亚高山常绿灌丛
- 亚热带常绿阔叶落叶阔叶混交林
- 温带针阔混交林
- 高寒荒漠
- 温带灌木荒漠
- 温带半乔木荒漠
- 亚热带常绿阔叶林
- 温带落叶阔叶林
- 热带雨林季雨林
- 北方针叶林
- 亚热带和热带山地针叶林
- 沙漠

2020s(2010-2039)
2050s(2040-2069)
2080s(2070-2099)

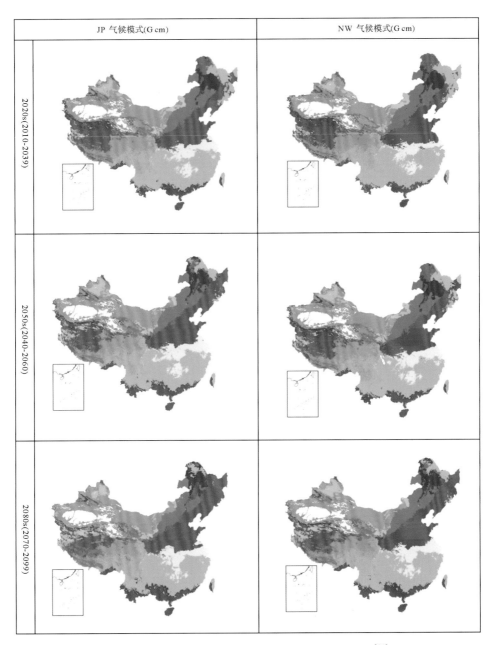

图 2-1　当前和未来气候条件下中国植被潜在分布图[96]

第二章

徐州市自然地理

徐州市位于江苏省西北部，"东襟淮海，西接中原，南屏江淮，北扼齐鲁"，是江苏省重点规划建设的三大都市圈核心城市和四个特大城市之一，中国历史文化名城、中国优秀旅游城市、国家环保模范城市、国家园林城市、国家森林城市。位于北京和上海的中点，长江三角经济圈和环渤海经济圈两大经济圈的接合部，沿海和西部地区的过渡地带，全国重要的交通枢纽。南水北调东线——京杭大运河自东南到西北贯穿全境。在中国区域经济格局中，具有显著的东靠西移、南北对接的区位特征。

第一节　地理位置与行政区划

一、地理位置

徐州市位于东经 116°22′~118°40′，北纬 33°43′~34°58′之间。东西约 210km，南北约 140km，总面积 11 259km² 。属于华北平原(又称黄淮海平原)东南部。

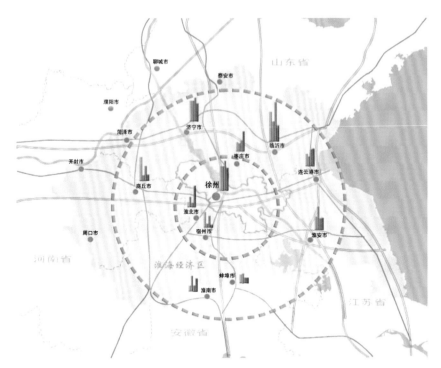

图 3-1　徐州市地理位置与都市圈示意图

二、行政区划

徐州市是江苏省 13 个省管辖市之一，现辖丰县、沛县、睢宁、邳州、新沂等 5 个县（市）和铜山、贾汪、鼓楼、云龙、泉山等 5 个区，共 113 个乡镇、2166 个行政村、41 个街道、530 个社区（见表 3-1）。

表 3-1　徐州市行政区划表

地区	面积(km^2)	乡镇(个)	街道(个)	行政村(个)	社区(个)	人口(万人)
全市合计	11 259	113	41	2166	530	972.90
市区	3038	28	41	484	296	312.72
铜山区	1909	20	8	319	19	129.27
贾汪区	834	8	2	126	68	50.55
鼓楼区	69		9	6	61	47.66
云龙区	118		8	18	54	30.52
泉山区	108		14	15	94	54.71
县(市)	8221	85		1682	234	660.18
丰　县	1446	14		360	8	116.49
沛　县	1349	15		311	76	127.94
睢宁县	1767	16		307	93	133.12
新沂市	1571	16		253	18	104.01
邳州市	2088	24		451	39	178.62

第二节　基本气候特征

气候指的是一个地区长时间的大气变化或状态，包含气温、降水、日照、湿度、气压等因子。一般来讲，形成气候的条件包含几个因素，主要受纬度、海拔、大的地形地貌以及海陆分布影响。气候资源是自然资源最重要的组成部分之一。分析一个地区的气候资源，对植物的引种、品种选育以至于产业发展的科学定位有着十分重要的意义。

徐州市属南暖温带季风气候区，由于东西狭长，受海洋影响程度有差异。大体以运河为界，东部为暖温带湿润季风气候，西部为暖温带半湿润气候。气候特点是：光照充足，雨量适中，雨热同期，温度日较差较大，季风显著，四季分明，具有典型的南北气候过渡性。

一、光能

全年太阳总辐射量平均为499.9kJ/cm^2，光合有效辐射平均为247.0kJ/cm^2，日照时数为2216.6小时，日照百分率达到50%。作物生长期（≥0℃）的光能总辐射量平均为442.4kJ/cm^2，日照时数为2059.2小时。区内光能资源分布为北高南低，西多东少。以丰县和铜山区、沛县西部为高值区，年太阳总辐射量为502.8～504.5kJ/cm^2，日照时数为2158.8～2349.6小时。新沂、邳州北部为次高值区，年太阳总辐射量为502.4～508.7kJ/cm^2，日照时数为2262.8～2442.0小时。以邳州为中心，睢、邳、新中部为低值区，年太阳总辐射量为489.4～502.4kJ/cm^2，日照时数为2350～2400小时。年内太阳总辐射量，夏季最高，约占全年的32.3%，冬季最少，约占16.5%，春季高于秋季，分别占29.5%和21.7%。

表3-2　徐州市光能资源分布

区域	全年日照时数（h）	年日照百分率（%）	日平均气温≥10℃期间日照时数（h）	总辐射量（kJ/cm^2）			生理辐射量（kJ/cm^2）		
				全年合计	≥0℃期间	≥10℃期间	全年合计	≥0℃期间	≥10℃期间
徐州	2216.6	50	1567	503	454	349	249	225	172
丰县	2349.6	53	1581	504	451	350	249	223	173
沛县	2158.5	49	1545	495	444	345	245	219	170
睢宁	2208.3	50	1539	498	429	345	246	224	171
邳州	2262.8	51	1503	473	424	322	242	218	167
新沂	2442.0	55	1573	509	453	349	253	226	174

二、热量

全市年平均气温14.1～14.7℃，西部高于东部。7月最热，月平均气温25.8～

26.4℃，≥35℃的日数平均为11.3天/年，历史极端最高温度40.6℃。1月最冷，月平均气温为 −0.2～0.3℃，≤ −10℃的日数平均为1.7天/年，历史极端最低气温 −23.0℃。全年≥0℃的活动积温平均为5259.8～5450.5℃。全年无霜期平均207天左右，热量条件适于喜温、喜凉等多种植物的生长。热量的地区间分布东高西低。年内变化为春季温暖、夏季炎热、秋季凉爽、冬季寒冷，温度四季变化明显，春秋升降温速度快，日较差大。

表 3-3　徐州市热量资源分布

区域	年平均气温（℃）	年≥0℃活动积温（℃）	年≥10℃活动积温（℃）	年≥15℃活动积温（℃）	日最高气温≥35℃天数（d）	日最低气温≤ −10℃天数（d）	无霜期（d）
徐州	14.7	5450.5	4852.6	4264.1	11.3	1.7	290
丰县	14.2	5291.9	4714.1	4122.7	9.7	2.8	282
沛县	14.4	5383.8	4819.5	4225.3	9.0	4.2	281
睢宁	14.4	5366.9	4767.3	4155.1	8.2	1.6	286
邳州	14.2	5288.0	4723.5	4115.9	5.9	3.4	283
新沂	14.1	5259.8	4698.0	4093.8	6.8	4.2	275

三、降水

降水时空分布不均，干湿季节明显。本市年平均降水量737.1～901.5mm，平均为830.7mm。境内以西部丰、沛县最少，年平均为737.1～772.9mm，东部的睢宁、邳州、新沂较多，年平均为874.3～901.5mm。全市降水年际变幅较大，多雨年，睢宁年降水量1525.7mm，邳州1365.0mm；少雨年，丰县年降水量352.0mm，沛县425.9mm。年降水的相对变率16.3%～20.8%。在一年中，降水分布主要集中在7、8、9三个月，约占56.9%～59.6%，其他三季约占30.6%～43.1%。

表 3-4　徐州市降水资源分布

| 区域 | 年平均降水量（mm） | 降水相对变率（%） | 春季 | | 夏季 | | 秋季 | | 冬季 | | ≥0℃期间降水量（mm） | ≥10℃期间降水量（mm） |
			降水量（mm）	相对变率（%）	降水量（mm）	相对变率（%）	降水量（mm）	相对变率（%）	降水量（mm）	相对变率（%）		
徐州	823.2	16.3	141.6	44.9	488.6	24.4	150.4	40.8	43.3	53.1	816.0	731.7
丰县	737.1	20.8	123.4	39.3	433.4	30.0	138.8	46.5	41.5	50.5	726.3	649.1
沛县	772.9	18.8	126.5	37.7	458.9	30.1	142.9	46.9	44.7	49.5	728.3	684.0
睢宁	901.5	19.6	165.6	38.3	513.3	34.9	162.7	37.4	59.9	44.0	890.1	786.2
邳州	875.4	19.8	152.4	41.1	521.8	27.1	149.9	38.5	51.2	46.6	864.3	773.7
新沂	874.3	18.9	149.9	32.6	513.6	27.9	154.3	40.3	56.6	46.7	863.6	771.7

四、主要气象灾害

徐州市地处中纬度过渡带,东近黄海,西连华北平原,纬度居中,地形起伏不大,属海陆相过渡带和季风气候过渡带相重叠的地区,是典型的气象灾害频发区。主要有干旱、大风、雨涝、寒潮、高温等气象灾害。

（一）干旱

徐州年降水量中偏少,时空分布不均,年际间变化较大,干旱具有普遍性,发生几率高,对工农业生产的危害比较突出。按发生时间,主要可分为春旱、初夏旱、伏旱、秋旱,也有春夏连旱、伏秋连旱、秋冬连旱。徐州的干旱约两年一遇,其中春旱发生的概率为38%,夏旱26%,秋旱38%,冬旱37%。

（二）大风

徐州大风主要有两类:第一类是天气尺度系统大风,常指西伯利亚冷高压和东亚大槽显著发展而伴随明显的大风过程。第二类大风常与北上台风、入海气旋以及龙卷等中小尺度低气压系统相联系,其发生和消亡迅速,风速极强,所造成的损失也最为惨重。大风的季节特征明显,春季大风日最多,占全年大风的41%,夏季次之,冬季、秋季大风依次减少。8级(17.1m/s)以上的大风38次,6级(10.8m/s)以上454次,按月份,3月份63次,4月份71次,5月份51次,9月份10次。

（三）雨涝

徐州雨涝主要为夏涝,多急发性,时间短,危害重。以夏季(6~8月)降水量正距平大于等于50%为大涝,大于等于25%,但小于50%为偏涝。大涝为3.5年次,频率17.5%,偏涝为2.0年次,频率10%。造成夏季涝灾的主要是大暴雨(≥100mm)和特大暴雨(≥250mm),大暴雨(≥100mm)以上的降水平均约两年一遇,最早出现时间是4月,最迟出现时间是11月。大涝的年份约5年一遇,大部分为雨涝或内涝,春涝和秋涝也时有发生,均为约6年一遇。

（四）寒潮

侵袭徐州的冷空气的具体路径有三:①西路(105°E以西),从蒙古人民共和国西部和中国新疆北部,经河西走廊、西藏高原东侧南下。占影响总数的33%。②中路(105°E~115°E),从贝加尔湖附近,经我国河套地区南下,影响丰县。占影响总数的40%。③东路(115°E以东),由西伯利亚东部南下,经中国东北地区和日本海、朝鲜、经渤海、山东省沿海地区后影响徐州市,占影响总数27%。寒潮常伴有雨雪和大风,对农业生产影响较大。

（五）高温

在1960~2013年的54年中,徐州市地区≥35℃日数在2~39天/年之间,平均为11.3日/年,徐州市高温的天气形势主要分为两类:初夏高温和盛夏高温。初夏高温主要是河套暖高压脊东移,造成下沉气流增温和暖平流作用,此类高温主要发生在5~6月,由于该暖脊系统是移动性的,因而出现持续高温过程较少。盛夏高温,主要受副热带高压控制而出现的高温,具有气温高,持续时间长的特点,大多数持续高温天气出现在这一时间。

第三节　地质、地貌与土壤

一、地质、地貌

徐州市位于中国东部新华夏系第二个隆起带的西侧，与秦岭—昆仑纬向构造的交汇部位。出露的地层有上元古界淮河群，古生界寒武系、奥陶系、石灰系、二叠系，中生界侏罗系、白垩系和新生界第四系。在侏罗纪和白垩纪的燕山运动影响下，产生了一系列北东到南西向的坳褶带。

徐州市陆地面积 9794.46km²，占总面积的 87%。全市地貌，根据成因和区域特征，自西向东大致可分为黄泛冲积平原，低山剥蚀平原，沂沭河洪冲 3 个地貌区。地形由平原和山丘 2 部分组成，以平原为主，面积 8736.66km²，占 89.2%，丘陵岗地 1057.8km²，占 10.8%。

全市平原地势由西北向东南缓缓倾斜，地面高程从丰县的 45m 下降到睢宁、新沂东南的 19m，地面坡降 1/3000 至 1/10 000。

丘陵海拔一般在 100～300m。分两大群：一群分布于市域中部，以贾汪区大洞山最高，海拔为 361m；另一群分布于市域东部，以新沂市马陵山最高，海拔为 122.9m。

徐州市低山丘陵以地垒、地堑构造占优势，为新生代以来轻微隆起的地区。由地垒式中等切割的丘陵和残丘，耸立于群丘之上的低山以及沿丘陵和残丘外侧广泛分布的微波起伏的岗地或具有薄层堆积物覆盖的剥蚀平原构成本区的主要地貌景观。该区地貌有 2 个最显著的特点：(1)地貌结构呈现阶梯状，由具有准平原面的低山丘陵到波状的岗丘、洼地或剥蚀平原构成两级地形面。这种层状的地形结构系新生代以来，不同构造运动阶段中以断裂和断块活动为主的内力地质作用和以流水侵蚀作用为主的外力地质作用的产物；(2)由于构成山丘的岩性、构造以及发育历史过程的不同，本区地貌在东西方向上具有明显的差异性。大致以今之沂、沭河为界，自东向西可分为 2 个不同的地貌景观带：沭河以西至沂河以东沂沭断裂带发育的以红色砂页岩为主的缓丘、岗地带，沂河以西徐淮拗褶带发育的以石灰岩为主的残丘、剥蚀平原带(见表3-5)。

表3-5　徐州市低山丘陵地貌特征及地貌分区[228]

地貌分区	主要地貌类型	标高（m）	分布	基岩	地持构造	新构造运动	第四季堆积物
东部红色砂页岩缓丘岗地区	构造~剥蚀马陵山低缓丘陵	80~100	新沂中部	红色砂页岩，砂砾岩	中生代裂谷	不等量断裂抬升	表面为厚约0.5m 的残坡积黄褐色亚砂土所覆盖
	剥蚀~堆积垅岗和洼地	40~80	新沂东部	同上	同上	掀斜抬升	

（续）

地貌分区	主要地貌类型	标高（m）	分布	基岩	地持构造	新构造运动	第四季堆积物
中部石灰岩残丘剥蚀平原区	构造~侵蚀残丘	100~361	徐州市区及邳、睢地区	石灰岩为主	地垒地堑占优势	再生代轻微隆起	基岩裸露有坡积物
	剥蚀~堆积平原	30~40	同上	同上	同上	掀斜隆起	基岩面上有厚度不超过1m的坡积层

二、土壤

徐州市境内成土条件复杂，质量差别较大。据研究，全市土壤可分为6个土类，15个亚类，35个土属，91个土种（见表3-6）。大体以京杭大运河为界，西南部主要为黄泛冲积母质发育而成的潮土类，包括黄潮土、盐化黄潮土、盐碱化黄潮土、碱化黄潮土及棕潮土5个亚类。中部微山湖洼地主要为黄泛沉积物发育的黄潮土；铜贾邳山丘区成土母质大部分为寒武、奥陶、震旦系的各类石灰岩风化物发育的褐土，代表土属为山淤土、山红土、山黄土。运河东部为沂河、沭河冲积、洪积平原，土壤以棕潮土为主，少部分为黄兴冲积形成的黄潮土。东部岗岭为马陵山脉的延伸，成土母质和土壤类型复杂，地域分布明显：其东部成土母质以片麻岩、花岗岩及花岗闪长岩的风化物为主，土壤发育为粗骨棕壤土；南部和北部则以紫色面岩、砂砾岩风化物和古老的洪积冲击物为主，土壤发育为白浆化棕壤土和砂姜黑土等。

表3-6　徐州市主要土壤类型分布（引自徐州市农业资源与综合区划，1991）

土类	亚类	成土母质	分布区	主要特征
潮土	黄潮土	黄泛沉积物	丰、沛、铜、睢及邳州西部黄泛平原	pH8.0~8.5，含CaCO₃含4%~16%，可溶盐<0.1%，地下水矿化度<1g/L，有机质0.45%~1.24%
	盐化、盐碱化、碱化土	同上	呈斑状分布于黄潮土地区	盐分大部分集中于表层0~20cm，有雨季淋盐和旱季返盐的交替期。盐化土pH8.0~8.7，含盐0.1~0.8%，碱化度<5%，有机质0.73%。盐碱化土pH8.8~9.6，碱化度5%~20%
	棕潮土	近代河流冲积物覆盖在古河湖相沉积物	新沂、邳州北部沂沭河及其支河两侧	成土母质不含CaCO₃，pH6.5~7.5，有机质0.88%~1.51%

（续）

土类	亚类	成土母质	分布区	主要特征
褐土	淋溶褐土(山红土属)	石灰岩区域残、坡积物	中部山丘区一级阶地以上	一般无石灰反应，有机质1.05%
	淋溶褐土(山黄土属)	奥2～3时期洪、冲积物	谷地或一级阶地	一般为中壤，有机质1.18%
	潮褐土(山淤土)	洪、冲积物	山前平原及谷地低处	通层含少量$CaCO_3$，pH7.8～8.5，有机质1.28%
棕壤土	粗骨棕壤土	片麻岩、花岗岩等酸性母岩风化物	新沂、邳州的丘陵岗地中、上部	初期发育的幼龄土。砾石含量>30%，有机质0.82%～0.83%
	白浆化棕壤	洪积为主的古老沉积物	新沂坡度5°以下的坡岗地	以紫色黏性土为主体，层次分异明显，表层pH7.1，无石灰反应，有机质0.83%
	潮棕壤	洪积和坡积物	丘陵岗地下的倾斜平原	无石灰反应，pH一般呈中性，有机质1.12%
砂姜黑土		第四季黄土性古河湖相沉积物	新沂、邳州北部的平原荡地和岗间洼地	中性至微碱性，一般无石灰反应，有机质1.48%～1.51%，土性冷

第四节　水资源

一、水系

徐州市位于淮河流域，境内有主要河道58条，湖泊3个，大型水库2座和中型水库5座(分别是云龙湖水库、庆安、崔贺庄水库、高塘水库、白马湖水库、阿湖水库、下洪水库)，小型水库84座，及分布于20个镇的采煤塌陷区，水域平水总面积98 807.65hm²。分属3个水系：中部的故黄河水系、北部的沂沭泗水系和南部的睢安河水系。

故黄河水系为历史上黄河侵泗、夺淮，形成了河底高出两侧地面4~6m的悬河，徐州境内成为天然分水界限，目前河底宽度30～100m，长196km，流域面积885km²。流域内有崔贺庄水库(吕梁湖)、水口水库等一批大、中、小型水库沿线分布和郑集河、丁万河、白马河等分洪工程。

沂沭泗水系位于故黄河以北，流域面积8479km²。流域内主要骨干河流有沂河、沭河、中运河及邳苍分洪道，并有南四湖、骆马湖两座湖泊调蓄洪水。

睢安河水系位于故黄河以南，流域面积2020km²。分为安河和睢河，均直接排入洪泽湖。主要支流有龙河、潼河、徐沙河、闸河、奎河、灌沟河、琅河、阎河、看溪河、运料河等。

二、水资源

(一)降水径流

本市多年平均降水量自东向西由 946mm 减少到 782mm，平均径流深为 213.8mm，折合地表径流总量为 24.05 亿 m³。地区间差异较大，西北部的沛县最小，年平均径流深为 112mm，折合地表径流总量为 1.5 亿 m³。东部的新沂最高，年平均径流深为 270.8mm，折合地表径流总量为 4.3 亿 m³。径流的年内分布主要集中在 6~9 月，丰县、沛县占 93%，新沂、邳州占 85% 以上。年际变化比较大，枯水年(95% 年型)径流仅 6.4 亿 m³，丰水年(20% 年型)可达 34.4 亿 m³。

(二)地下水

本市浅层地下水的水位埋深一般为 1~4m，矿化度一般小于 1g/L，属淡水或中硬水，少数地区在 1~2g/L，属季节性轻度盐碱水。因黄泛平原广泛分布着深厚的第四纪松散沉积物，在地表下 350m 以内大致分布有 4 个含水组。其中，埋深 40~60m 以内称为浅层水，下面 2 个含水组埋深在 60~80m，为深层水。山丘区有开采价值的地下水是碳酸岩类岩溶—裂隙含水组，一般埋深在 80~100m 以下。

本市浅层地下水主要靠降水入渗补给。深层地下水水平面补给量也近于零。所以浅层地下水位受降水渗入补给而上升，受潜水蒸发和人工开采影响而下降，如遇连续干旱年，地下水补给极少，地下水位急剧下降，静水位可降至 8~12m，动水位可降至 15~20m 以上，抽水过重地区最深动水位可降至 40~50m。

(三)过境客水

本市过境客水来源于沂沭泗水系，汇水面积约 3 万 km²，多年平均过境径流总量为 73.1 亿 m³，汛期的 6~9 月约占 87%，冬季很小，时有断流。洪涝年来水量可达 188 亿 m³，干旱年仅有 16.8 亿 m³。年际差异极大。

第五节　植物资源

一、自然与森林植被

徐州市属于暖温带南部半干旱半湿润季风气候区，地带性植被为落叶阔叶林。据史料记载，在历史上本地曾有着大面积的自然森林植被。从这一带全新世早期的袍粉分析来看，本地区的森林植被的组成成分主要以栎属(*Quercus*)为主，并有榆属(*Ulmus*)、朴属(*Celtis*)、椴属(*Tilia*)、槭属(*Acer*)、柿属(*Diospyros*)、柳属(*Salix*)等多种落叶树种混生。直到周代，这里仍保存着大面积的自然森林植被。西周的一部重要著作《贡禹》记载徐州的植被曰"草木渐色"，描述当时徐州一带是一片草木丛集，覆盖大地的繁茂景象。进入人类社会以后，本地区战火频繁，加上黄河夺泗侵淮等重大自然灾害破坏，地带性森林植被现今已几乎不复存在。新中国成立以来，大规模的绿化造林工作已获得巨大成功。昔日黄河故道留下的 100 多万亩荒沙地如今已营造了大面积的果树林、杨树林、泡桐林。平原地带的农田林网和林粮间作林早已颇具规模。尤其是 100 多万亩童山全部完成造林绿化。其中，运河以西的石灰岩山地则营造了大面积的侧柏（*Platycladus orientalis*）林和五角枫、黄连木、栾树、乌桕、刺槐等落叶阔叶杂木林。在新沂县境内的马陵山和踢球山营造了以黑松（*Pinus thunbergii*）、油松（*Pinus tabulaeformis*）、火炬松（*Pinus taeda*）为主的温性松林。根据 2012 年进行的调查，徐州市森林植物群落共有木本植物 50 科、98 属、187 种，草本植物 72 科、293 属、562 种，蕨类植物 16 科、22 属、28 种，苔藓植物 16 科、30 属、89 种。徐州市低山丘陵森林植被包括 3 个植被型，5 个群系组，14 个群系[97]，详见表 3-7。

表 3-7　徐州市低山丘陵森林植物群落分类

植被型组	植被型	群系组	群系	优势植物	主要分布区域
温性针叶林	温性常绿针叶林	松林	赤松林	赤松，混生有麻栎、栓皮栎、刺槐	马陵山、踢球山
			黑松林	黑松，混生有赤松、侧柏、栓皮栎、麻栎	艾山、马陵山、踢球山、大洞山
		柏林	侧柏林	侧柏纯林，混生有刺槐、黄檀、桑、麻栎、构树	泉山、吕梁、艾山、马陵山、踢球山、大洞山
			铅笔柏林	铅笔柏纯林	泉山、吕梁
落叶阔叶林	典型落叶阔叶林	栎林	麻栎林	麻栎，混生有刺槐、黄檀、桑等	马陵山、泉山、艾山
			栓皮栎林	栓皮栎，混生有麻栎、刺槐、黄檀、桑等	马陵山、泉山、艾山
		杂木林	乌桕林	乌桕，混生有刺槐、黄檀等	踢球山、艾山
			栾树林	黄山栾树，混生有构树、黄檀等	艾山
			构树林	构树，混生有刺槐、黄檀、朴树、榔榆等	马陵山、艾山、泉山
			黄檀林	黄檀，混生有刺槐、朴树、榔榆等	马陵山
			豆梨林	豆梨，混生有朴树、柘树、猫乳等	马陵山
			刺槐林	刺槐纯林	马陵山、泉山、艾山
暖性竹林	暖性散生竹林	散生竹林	毛竹林	毛竹	马陵山、泉山、艾山
			刚竹林	刚竹	马陵山、泉山、艾山

二、园林植物

据2012年调查结果统计，徐州市园林绿化应用的植物共有104科、264属、342种（包括所有变种、亚种和变型，不包括温室盆栽品种，详见表3-8）。其中，乔木96种，灌木藤本122种，宿根花卉及水生植物、草坪等共124种。乔、灌、草物种比例约为2.8:

表3-8　徐州种子植物属的分布区类型和变型（351属）

分布区类型 和变型	本区属数	全国属数	占全国属数 （%）
1. 世界分布	55	104	52.88
2. 泛热带分布	73	316	23.10
2－1 热带亚洲、大洋洲和南美洲（墨西哥）间断	1	17	5.88
2－2 热带亚洲、非洲和南美洲间断	0	29	0
3. 热带亚洲、热带美洲间断分布	2	62	3.23
4. 旧世界热带	12	147	8.16
4－1 热带亚洲、非洲、大洋洲间断	3	30	10.00p
5. 热带亚洲至热带大洋洲	7	147	4.76
5－1 中国（西南）亚热带和新西兰间断	0	1	0
6. 热带亚洲至热带非洲	9	149	6.04
6－1 中国华南、西南到印度和热带非洲间断	0	6	0
6－2 热带亚洲和东亚间断	0	9	0
7. 热带亚洲	4	442	0.90
7－1 爪哇，中国喜马拉雅和华南、西南	0	30	0
7－2 热带印度到华南	0	43	0
7－3 缅甸、泰国至华西南	0	29	0
7－4 越南至华南	0	67	0
8. 北温带分布	69	213	0
8－1 环极	0	10	0
8－2 北极高山	0	14	0
8－3 北极－阿尔泰和北美洲尖间断	0	2	0
8－4 北温带、南温带间断	23	57	0
8－5 欧亚和南美间断	2	5	40.00
8－6 地中海区，东亚、新西兰、墨西哥到智利	1	1	100
9. 东亚、北美分布	13	123	10.57
9－1 东亚至墨西哥	0	1	0
10. 旧世界温带分布	25	114	21.93
10－1 地中海；西亚、东亚间断	2	25	8.00
10－2 地中海与喜马拉雅间断	0	8	0
10－3 欧亚和南非间断	4	17	23.53

（续）

分布区类型 和变型	本区属数	全国属数	占全国属数 （%）
11. 温带亚洲	8	55	14.55
12. 地中海、中亚、西亚	3	152	1.97
12－1 地中海区至南非洲间断	0	4	0
12－2 地中海区至中亚和墨西哥间断	1	2	50.00
12－3 地中海区至温带、热带亚洲、大洋洲、南美	2	5	40.00
12－4 西亚至中国西喜马拉雅和西藏	0	4	0
12－5 地中海区至北非洲、中亚、北美间断	0	4	0
13. 中亚分布	0	69	0
14. 东亚分布	19	73	26.03
14－1 中国喜马拉雅	4	141	2.84
14－2 中国—日本	7	85	8.24
15. 中国特有分布	6	257	2.33

3.6：3.6。植物来源分析表明，在调查的 342 种园林植物中，乡土植物 52 科 223 种，约占调查植物种类总数的 65.2%，其中乔木 67 种、灌木 66 种、草本和水生植物 90 种。外来引进植物有 119 种，占调查植物种总数的 44.8%，其中乔木 29 种、灌木藤本 56 种、草本和水生植物 34 种。可见，大量外来植物的应用，例如雪松、日本五针松、黑松、池杉、落羽杉、悬铃木、日本晚樱、长青白蜡、复叶槭、冬青、常青白蜡、含笑、苏铁、黄山栾树、杨梅、二乔玉兰、蓝冰柏、苏铁、洒金千头柏、日本小檗、素心蜡梅、荚蒾、箬竹、水果蓝、迷迭香、日本冬青、红叶石楠等植物的引进应用，使徐州城区的物种多样性发生了深刻的变化。徐州市种子植物各属分属 15 个分布区类型[97]，表明，本地区的植物区系成分十分复杂，15 种分布区类型在此均有存在。由于世界分布属在分析徐州种子植物区系特征及其区系联系时意义不大，因此着重分析中国特有属、温带分布属、热带分布属。

（一）热带分布属

热带分布属包括表 3-8 中的第 2 至 7 类，共 163 属、占全国所有属的 7.02%。

1. 泛热带分布类型

在徐州市有 74 属，占国产本类型的 23.10%。木本类型主要有柿属（*Diospyros*）、乌桕属（*Sapium*）、朴属（*Celtis*）、枣属（*Zizypus*）等。除黄荆属（*Vitex*）在丘陵、山坡成为群落优势种、黄檀属（*Dalbergia*）在局部地段上成为优势种外，其余各属均星散分布于阔叶林中。草本植物中的孔颖草属（*Bothriochloa*）、虎尾草属（*Chloris*）、狗牙根属（*Cynodon*）、白茅属（*Imperata*），狼尾草属（*Pennisetum*）在本区极为常见，是低山丘陵地区草本群落的优势种。本类型的变型，热带亚洲、非洲和南美洲间断分布在本区仅有石胡荽属（*Centipeda*）。

2. 热带亚洲至热带美洲分布类型

徐州市有 2 属，占国产本类型的 3.22%。木本植物有苦木属（*Picrasma*）、木兰属（*Magnolia*）。基本上以此处为其分布的北界。草本植物中野生未见。

3. 旧世界热带分布类型

是指分布于亚洲、非洲和大洋洲热带地区及其邻近岛屿的植物。本类型徐州市有12属，占国产本类型的8.16%，其中木本植物3属，常见的有八角枫属(*Alangium*)、合欢属(*Albizia*)、扁担杆属(*Grewia*)等，它们差不多都能分布到暖温带地区。草本植物中常见的有乌蔹莓属(*Cayratia*)、金茅属(*Eualia*)、茅根属(*Perotis*)等。本类型的变型：热带亚洲、非洲、大洋洲间断分布在徐州市的有百蕊草属(*Thesium*)、爵床属(*Rostellularia*)、水鳖属(*Hydrocharis*)等3属。

4. 热带亚洲至热带大洋洲分布型

在本区有7属，占国产本类型的4.76%。本类型木本属较贫乏，仅有臭椿属(*Ailanthus*)、猫乳属(*Rhamnella*)。草本植物中有结缕草属(*Zoysia*)、通泉草属(*Mazus*)、黑藻属(*Hydrilla*)，广布全区。

5. 热带亚洲至热带非洲分布类型

徐州市有9属，占国产本类型的6.04%。木质藤本植物有常春藤属(*Hedera*)、杠柳属(*Periploca*)，没有乔木树种。草本植物中的芒属(*Miscanthus*)、菅草属(*Themeda*)、荩草属(*Arthraxon*)、莠竹属(*Microstegium*)是本区草本植物群落的优势种。其他还有草沙蚕属(*Tripogon*)、野大豆属(*Glycine*)、胡麻属(*Seamum*)。

6. 热带亚洲分布类型

本区有2属，占国产本类型的0.90%。本类型的木本植物有葛属(*Pueraria*)和构属(*Broussonetia*)，构属是组成本区亚热带植物区系的主要成分。草本类型在本区有蛇莓属(*Duchesnea*)和鸡矢藤(*Paederia*)属。

(二)温带分布属

温带分布属包括表3-8中的8～14类，共182属，占国产温带分布属的15.37%。这种各类成分相互交汇的情况表明了本地区系显著的过渡特点。但是从各类成分所占的比例来看，徐州植物区系具有明显的温带性质。

1. 北温带分布及变型

在本区有95属，占国产本类型的31.46%。典型的北温带分布有69属，其中木本属24属，松属(*Pinus*)、栎属(*Quercus*)、杨属(*Populus*)、榆属(*Ulmus*)、白蜡树属(*Fraxinus*)等是本区落叶阔叶林的主要组成成分。常见的灌木有忍冬属(*Lonicera*)、蔷薇属(*Rosa*)、绣线菊属(*Spireae*)、荚蒾属(*Viburnum*)、胡颓子属(*Elaeagnus*)等，在本区林下较为常见。草本植物中常见的有委陵菜属(*Potentilla*)、山萝花属(*Melampyrum*)、白头翁属(*Pulsatilla*)、风毛菊属(*Saussurea*)、画眉草属(*Eragrostis*)、蓟属(*Cirsium*)、野青茅属(*Deyeuxia*)、香青属(*Anaphalis*)等，它们是本区林下草本层的主要成分。本类型在徐州市还有3个变型：北温带、南温带间断分布在徐州市有21属，本变型木本属较贫乏，仅有接骨木(*Sambucus*)，枸杞(*Lycium*)等2属，草本种类在本区分布广泛，雀麦(*Bromus*)、茜草(*Rubia*)、婆婆纳(*Veronica*)、卷耳(*Cerastium*)、鹤虱(*Lappula*)、臭草(*Melica*)等属主要见于低海拔地区的农田或路边；柴胡(*Bupleurum*)、景天(*Sedum*)、唐松草(*Thalictrum*)、缬草(*Valeriana*)等主要分布于丘陵山坡或林下。欧亚和南美间断分布在本区有2属：火绒草属(*Leontopodium*)、看麦娘属(*Alopecurus*)。地中海区、东亚、新西兰、墨西哥到智利分布我国仅有马桑(*Coriaria*)一属,徐州市也有分布。

2. 间断分布于东亚和北美亚热带或温带地区型

本区有13属,占国产本类型的10.57%。体现出本区与北美植物区系的联系。本类型木本属较丰富,共有4属,皂荚属(*Gleditsia*)和梓属(*Catalpa*)为大乔木,常与其他阔叶树种一起混生;胡枝子(*Lespedeza*)属是本区常见的林下灌木。本类型藤本植物较为丰富,如蛇葡萄属(*Ampelopsis*)、爬山虎属(*Parthenocissus*)、络石属(*Trachelospermum*)、紫藤属(*Wisteria*)等。草本植物有4属:三白草属(*Saururus*)、透骨草属(*Phryma*)、蝙蝠葛属(*Menispermum*)和金线草(*Antenoron*)等是林下常见的草本植物。

3. 旧世界温带分布型

是指广泛分布于欧洲、亚洲中一高纬度的温带和寒温带的属。本区有31属,占国产本类型的18.93%。典型的分布型24属,除丁香属(*Syringa*)和瑞香属(*Dephne*)为木本植物外,全为草本植物,集中分布于菊科、唇形科、伞形科、禾本科、石竹科和十字花科等。具有典型的北温带区系的一般特色。在这一类型中,有不少属的近代分布中心在地中海区、西亚或中亚,如石竹属(*Dianthus*)、狗筋蔓属(*Cucubalus*)、飞廉属(*Carduus*)、麻花头属(*Serratula*)、牛蒡属(*Arctium*)等。这一特征也兼有地中海和中亚植物区系特色。有些属能分布到北非或热带非洲山地,如野芝麻属(*Lamium*)、百里香属(*Thymus*)、草木樨(*Melilotus*)等属。另一些属主要分布于温带亚洲或东亚,如菊属(*Dendranthema*)、香薷属(*Elsholtzia*)等。标准的欧亚大陆分布有隐子草属(*Cleistogenes*)、鹅观草属(*Roegneria*)等。

本类型3个间断分布的变型本区有两个。地中海区、西亚、东亚间断分布有2属,其中木本属4个,如雪柳属(*Fontanesia*)、女贞属(*Ligustrum*)、火棘属(*Pyracantha*)、榉属(*Zelkova*),分布于本区的沟谷或阔叶林中。另一变型,欧亚和南非间断分布在本区有4属,全为草本植物,它们是苜蓿属(*Medicago*)、前胡属(*Peucedanum*)、绵枣儿属(*Scilla*)、蛇床属(*Cnidium*)。

4. 温带亚洲分布类型

本区有25属,占国产本类型的44.6%。木本属有白鹃梅(*Exocharda*)、杏属(*Armeniaca*)、杭子梢属(*Campylotrapis*)、锦鸡儿属(*Carczgana*)4属,常广布于林下或沟谷,在局部地段形成灌丛的优势种。草本植物17属,常见的有刺儿菜属(*Cirsium*)、马兰属(*Kalimeris*)、瓦松属(*Orostachys*)、米口袋属(*Gueldenstaetia*)、附地菜属(*Trigonotis*)、山牛蒡属(*Synurus*)等属。

5. 地中海区、西亚至中亚分布型

在徐州市有5属。其中,典型分布3属,全为草本植物,如离蕊芥属(*Malcolmia*)、阿魏属(*Ferula*),糖芥属(*Erysimum*),为十字花科植物。本类型在本区有两个变型,地中海区至中亚和墨西哥间断分布在本区有1属;地中海区至中国温带、热带、大洋洲和南美洲间断分布在本区有黄连木(*Pistacia*)、牻牛儿苗(*Erodium*)2属。

6. 东亚分布及其变型

徐州市有30属,占国产本类型的10.03%。本类型含有丰富的单型属,如蕺菜属(*Houttuynia*)、泥胡菜属(*Hemisrepta*)、棣棠属(*Kerria*)、鸡麻属(*Rhodotypos*)等。木本属共有4属,侧柏属(*Platycladus*)、栾树属(*Koelreuteria*)、枫杨属(*Pterocarya*)是本区落叶阔叶林或沟谷杂木林的主要建群种。本类型的两个变型在本区都有分布。中国喜马拉雅分布 4 属，常见的有射干属（*Belamcanda*）、阴行草属（*Siphonostegia*）、兔儿伞属（*Syneilesis*）、直芒草（*Orthoraphium*）等；中国—日本分布在本区有 7 属，常见的有木通属（*Akebia*）、田麻属（*Corchoropsis*）、鸡眼草属（*Kummerowia*）、桔梗属（*Platycadon*）、萝藦属（*Metaplexis*）等。

（三）中国特有属

徐州市分布的中国种子植物特有属 6 个，占本区全部属的 2.33%。特有属隶属 6 科，这些科大部分是相对原始科，这些属大部分是单型属，是所在科中的原始属或为单型科，前者如青檀属、水杉属等，后者如大血藤属、杜仲属、银杏属等。特有属中，木本属 5 个，青檀、水杉、银杏、杜仲、杉木等 5 属，均为引进，草本植物 1 属。

第四章

樟树在徐州市园林绿化中的应用

第一节　樟树引种栽培历史

徐州市引种樟树经历了小气候引种初期、小规模引种期和推广应用期三个阶段。第一个阶段主要集中在 20 世纪 50 年代到 20 世纪末，为徐州引种樟树积累了第一手资料；第二个阶段主要集中在 2000 年至 2007 年，受房地产企业推动，采用樟树引种和养护管理新技术，扩大了樟树应用区域；第三阶段主要集中在 2008 年以后，较大规模推广使用和引种樟树。

一、小气候利用引种初期

植物引种驯化过程中，小气候的作用是十分重要的。许多植物引种到栽植分布范围以外的新地区后，在一般环境条件下不易成功，而选择了适宜的小环境、小气候，却能够取得明显的效果。引种初期选择优良的小气候，调节、改造引种植物附近的小气候，是避免或减轻冻害，促使引种成功的一项重要措施。

图 4-1 徐州市最早引种的樟树(马陵山，2014 年)

1954 年，新沂市马陵山风景名胜区(原马陵山林场)引种了 3 株樟树，这是徐州市最早引种栽植的樟树。马陵山风景名胜区位于新沂市南部，距城区 20km²，景区保护面积 56km²，南临骆马湖，东距黄海约 110km，属暖温带湿润性季风气候，四季分明，雨热同季，光热资源丰富。樟树栽植地北山面湖，三面向阳，为樟树生长提供了适宜的气候环境。山体基岩主要由白垩系王氏组紫红色砂岩、泥岩、页岩、砂砾岩、砾岩的陆相盆地沉积构成，土壤类型紫砂土，pH 值 6~6.8，中性偏酸、有机质偏低、磷钾丰富、土层浅，周边岩石裸露。3 株樟树基本形态分别为单株、基部二杈分枝、基部三分枝。经 60 年生长，3 株樟树郁郁葱葱，枝繁叶茂，目前，单株樟树胸径 50cm 左右，基部二杈分枝樟树基部周长为 2m 左右，基部三分枝樟树基部周长为 2.5m 左右。3 株樟树均长势良好，叶色鲜绿，冠幅近 20m，最高株已超 30m。其特殊造型以及它们有别于北方园林树种的景观效果，让它们在景区中凸显出来，增加了景区神秘感和游览趣味性，受到人们喜爱和欢迎。

1967 年，江苏省徐州市工人疗养院(现徐州医学院华方学院)引种栽植了 2 株樟树，是徐州市区最早引种的樟树。该地位于徐州市云龙湖风景区，背依韩山，东南面向云龙湖，山体为 20 世纪 50 年代人工栽植的侧柏林覆盖，校园位于山脚，土层较厚，为石灰岩发育而成的山红土，弱酸性。2 株樟树现在一株胸径 53.5cm、一株胸径 62.5cm，长势茂盛，叶片翠绿，无病虫害，已列入徐州市区古树名木后续资源进行保护。

图 4-2　徐州市最早引种樟树与相邻悬铃木对比（马陵山，2014 年）

图 4-3　徐州市区 1967 年引种的樟树(华方学院，2014)

1991 年，邳州市从江苏吴江引进一批樟树，列植于瑞兴路分车带内，这是徐州市第一次将樟树用于道路绿化。因当时未进行土壤改良，防寒防冻等养护技术也不到位，栽植的樟树出现冻害、黄化，生长衰退并导致大部分樟树死亡。但此次引种为后来徐州市樟树行道树的栽植积累了宝贵的经验。

1992 年，中国石化管道储运公司基地绿化站从苏州引进 30 余棵樟树栽植于机关院内（管道小区）。该单位在翟山东坡，背风向阳，土壤成土母质为石灰岩，土壤为山红土，弱酸性。栽植之后冬天采取树干缠草绳，树穴覆盖薄膜等保暖措施，经过几年的锻炼，保持了良好的生长状态，让园林工作者看到了进一步推广引种樟树的希望。

二、小规模引种期

2000 年以后，随着现代房地产业的兴起，一些南方房地产开发企业将樟树引入小区绿化之中。很多樟树被冠以小区品位的形象代言人，成为商品房销售的卖点。其中，早期栽植的樟树胸径大多在 10cm 左右，栽植在避风向阳的绿地内。在居住区小气候下，经过几年生长，其优美的树形、靓丽的叶色在萧瑟的北方冬天，营造出一派盎然生机。

2005 年，云龙区园林处在袁桥小游园栽种了 4 株胸径 12cm 的樟树；2006 年，邳州市沙沟湖公园栽植樟树 332 棵；2007 年，鼓楼区古黄河公园栽植樟树 90 株，拉开了徐州市在大型公园、广场栽植樟树的进程。

这一时期，种植在各居住区内的樟树，因为居住区小气候的保护，冬季很少有冻害发生，长势较好。栽植于道路、公园、广场等硬质铺装立地的樟树，因其立地条件较为恶劣，出现黄化、长势减弱甚至死亡的现象。这些问题的产生，促进了樟树栽植与养护技术的研究，园林工作者逐渐摸索出一系列樟树栽植新技术，为樟树在徐州市的推广应用打下了基础。

三、推广应用期

2008年，市区和平大道行道树和路侧带状公园绿地栽植胸径20cm左右的大规格全冠樟树1000余株。之后，市区汉源大道、汉文化公园、三环南路、科技广场、三八河带状公园以及睢宁县云河公园、丰县复新河东岸滨河公园及一些街头绿地等，普遍应用较大规格樟树。特别是2012年后，随着樟树栽培和养护技术的提高，樟树在公园广场、道路、单位和新建居住区园林绿化中已逐步代替高杆女贞，成为骨干常绿树种。2014年，徐州市市政园林局出台《徐州市樟树栽植养护技术规程》、《徐州市樟树黄化病防治技术规程》，为樟树栽植提供了技术支撑。樟树不仅丰富了徐州市园林景观，也提高了绿地系统的生态效果，越来越受到广大徐州市民的喜爱。

第二节　樟树应用现状

截止到2014年5月，徐州市城市园林绿化中引种栽植樟树4.6万余株(不包括在建绿地)，广泛应用于公园绿地、道路附属绿地、庭院附属绿地等。

一、樟树应用概况

(一)樟树在公园绿地中的应用

城市公园绿地是城市建设用地、城市绿地系统和城市市政公用设施的重要组成部分，城市居民最重要的户外活动空间，衡量城市整体环境水平、居民生活质量和文明程度的重要标志之一。公园是建筑与园艺工程高度结合的产物，是自然美和艺术美的结合体，是休闲、观赏、文学艺术等综合营造的艺术空间环境。人类来自森林，植物是人类生存的命脉。"石本顽，有树则灵。"不同植物在春、夏、秋、冬四时运动中，展示出的万千形象变化，使园林显得生机勃勃，情趣幽逸。樟树近乎完美的景观特征、强大的生态与环境功能、丰富的文化内涵，使其成为冬季常绿树种的最佳选择之一。据调查，徐州市各个区、县(市)近年新(改、扩)建的公园绿地均有樟树栽植，至2014年5月，全市在86个公园栽植樟树10 668株(见表4-1)，多样化的应用形式，显著丰富了徐州市园林植物景观，在塑造"南秀北雄"的园林风格中发挥了重要的作用。

表4-1　樟树在徐州市公园应用统计表

名称	栽植樟树公园数量(个)	总数量(株)	种源地
合计	86	10 668	
鼓楼区	15	1728	浙江、苏南地区
云龙区	10	300	浙江、苏南地区
泉山区	24	4685	安徽、苏南地区
新城区	9	1951	浙江、苏南地区
开发区	2	83	浙江、苏南地区
铜山区	1	108	苏南地区

（续）

名称	栽植樟树公园数量（个）	总数量（株）	种源地
贾汪区	5	248	浙江、苏南地区
邳州市	6	428	浙江、苏南地区
新沂市	3	38	苏南地区
睢宁县	6	527	苏南地区、上海
沛县	4	501	安徽、湖北
丰县	1	71	苏南地区

图4-4　云龙公园樟树应用效果（2014）

图4-5　东坡运动广场樟树应用效果（2014）

图 4-6　大龙湖市民广场樟树应用效果(2014)

图 4-7　民主路游园樟树应用效果(2014)

（二）樟树在道路绿化中的应用

城市道路绿化在城市特色塑造、城市居民出行环境建设、城市交通组织与维护中具有重要的作用。樟树生长速度快、冠大，生态功能强。为改善、提升道路绿化质量，增加植物多样性，樟树逐渐替代女贞等慢生常绿树种，被越来越多的应用于城市道路绿化。经统计，截止到2014年5月，徐州市共有77条道路使用樟树，其中主城区30条，栽植樟树16 000余株（见表4-2），应用形式有行道树、分车绿带、街旁绿带等。

表 4-2　樟树在徐州市道路绿化中的应用统计表

名称	栽植樟树道路数量(条)	总数量(株)	种源地
合计	77	16 008	
鼓楼区	2	85	苏南地区
云龙区	7	1894	苏南地区
泉山区	4	369	浙江
新城区	13	2338	浙江、苏南地区
开发区	7	1789	浙江、苏南地区
铜山区	7	726	安徽
贾汪区	5	894	苏南、浙江地区
邳州市	17	2808	浙江、苏南地区
新沂市	4	610	苏南地区
睢宁县	4	1674	浙江、苏南地区
沛县	4	501	安徽、湖北
丰县	3	2320	浙江

图 4-8　樟树行道树应用效果（工程兵学院南营区，2014）

图 4-9   樟树行道树应用效果(邳州行政中心，2014)

（三）樟树在庭院绿地中的应用

单位和居住区庭院是人们工作、生活所在，绿化是创造优美生活环境的重要一环。樟树庭荫效果好，四季景色富于变化，吸尘、滞尘、抗煤烟、抗有害气体能力强大，而且挥发性次生代谢产物丰富，具有优异的增强人体健康、防治疾病、净化空气、抑制微生物生长的保健作用，是空气环境价值极高的城市园林绿化树种。经统计，截止 2014 年 5 月，樟树应用于徐州市庭院绿化已近 2 万株(见表 4-3)。

表 4-3   樟树在徐州市庭院绿化应用统计表

名称	栽植樟树庭院数量(个)	总数量(株)	种源地
合计	196	19 941	
鼓楼区	28	2609	浙江、苏南地区
云龙区	21	1273	浙江、安徽等
泉山区	56	8222	浙江、苏南地区
新城区	2	569	浙江、苏南地区
开发区	2	459	浙江
铜山区	4	701	苏南地区、安徽
贾汪区	1	29	浙江
邳州市	43	3850	苏南地区、浙江
新沂市	4	566	苏南地区
睢宁县	23	1053	苏南地区、上海
沛县	4	194	苏南地区、浙江
丰县	8	416	苏南地区

图 **4-10** 徐州市行政中心樟树应用效果（2014）

图 **4-11** 徐州开元迎宾馆樟树应用效果（2014）

图 4-12　新沂莱茵名郡小区樟树应用效果（2014）

图 4-13　邳州耀邦公馆小区樟树应用效果（2014）

二、樟树应用效果分析

作为常绿阔叶树种，徐州市园林绿化中樟树的应用，有效改善了徐州市冬季园林绿化景观效果，发挥了良好的景观功能、生态功能，为徐州园林艺术创新、提升园林文化品位起到了重要的作用。

一是丰富了城市园林景观。在公园绿化上，徐州市已有84个公园栽植1万余株樟树，或孤植于空地，树冠充分舒展，浓荫遍地，展现出其自身独特、优美的树姿、树形；或孤植于水边、湖畔、广场或者草坪，让它充分展示出个体造型之美；或对植于公园（景区）入口、小桥两旁，作为景区的起景，彼此呼应，相互均衡，美不胜收；或列植于坡地边缘等处，形成一道亮丽的风景线，别有一番情趣；或丛植、群植于山坡、广场等，营造出气势磅礴的丛林景观，使得景观开阔恢宏，极具震撼力。在道路绿化上，已有74条道路栽植16 000余株樟树，或作为行道树进行列植，或在道路附属绿地内进行丛植或与其他树种搭配栽植，因其常年绿色，树姿雄伟，冠大荫浓，枝叶茂密而且散发香气，为道路创造出绿荫如盖的景观效果；在道路附属绿地内的搭配栽植，在春光烂漫、夏花绚丽时，它作为绿色的背景，宛如一张翠绿的画布，将其他植物的美毫无保留地突显出来；在万物凋零的秋冬季节，它却成为苍茫的苏北大地上一抹难得的青翠，为雄伟的徐州城增添了些许秀丽。在庭院绿化中，徐州市有近200个居住区栽植了近20 000株樟树，或作为庭荫树、景观树配置于建筑旁，或者孤植于庭院中心，都能起到美化装饰及引人注目的效果。

二是提升了城市绿地系统的生态功能。樟树病虫害少，是重要的环保树种。樟树作为抗毒性较强的树种，较适应城市环境，可降尘、吸毒、吸收汽车尾气等。樟树冠大叶浓，在一些工矿企业里对吸收、阻隔厂区的噪声有一定的积极作用。樟树枝叶散发出的香气，对蚊虫也有一定的驱除作用。目前，樟树在徐州市已成为园林绿化中最主要的骨干树种之一。樟树替代了一批传统却难以适应城市发展的绿化树种，如杨树、垂柳等。近些年，徐州市民一直遭受着杨絮、柳絮及法桐球的困扰，这些树种难以适应当今城市的发展，对城市居民的健康也有一定的威胁。樟树的替代使得这些问题得以一定的解决，受到广大市民的好评。樟树的引种成功，还增加了徐州市园林植物的多样性，使得城市生态系统更为复杂、更加稳定，对徐州市创建"国家生态园林城市"的目标起到积极作用。

三是增强了绿色文化内涵。樟树被赋予了吉祥如意、长寿安康等特殊的含义，也有很多关于樟树的传说故事，使得樟树备受广大人民的喜爱，我国很多城市，如杭州、长沙、无锡等，都将其选为市树。樟树因其历经冰川浩劫而不移其志，固守在神州苍茫大地，而博得了古今文人墨客以及广大人民群众的深情赞颂和推崇，融入了中华优秀传统文化之中，已经成为中华民族精神的象征。樟树与生俱来的高尚品格和民族精神，正随着它在徐州市的扎根而在彭城大地推广开来。

四是为"南树北移"积累了经验。徐州市的园林人员在以往樟树引种经验的基础上，经过不断的尝试及经验积累，努力提高樟树栽植技术水平和园林绿化养护技术水平，将樟树这一"不过江"的树种，成功栽植在苏北大地上，对徐州市乃至整个北方地区园林树木的引种具有重要的参考价值。近期，徐州市市政园林局出台《徐州市樟树栽植养护技术规程》与《徐州市樟树黄化病防治技术规程》，为樟树在徐州市的栽植养护提供了强有力的技术保障，也为今后的"南树北移"工作积累了丰富而宝贵的实践经验。

三、樟树应用中的主要问题与原因分析

目前，徐州市栽植樟树地点和数量不断增大，部分施工单位在樟树苗木种源、质量、土壤处理、栽植养护技术等方面控制不力，导致一些樟树长势不良，易受低温冻害或发生黄化症状，樟树的园林绿化景观效果受到影响。

（一）冬季冻害

调查表明，徐州市近年引种的樟树冬季冻害的发生规律是：多年栽植的樟树，在背风向阳处所受冻害表现为叶片轻度冻伤，叶尖枯黄；在背阴风口处所受冻害表现为叶片中度冻伤，叶片枯黄，部分脱落，但若采取必要的防寒防冻措施，冬季过后，均能恢复正常生长。新栽植 2 年内的樟树，在背风向阳处所受冻害表现为叶片重度冻伤，整棵树叶片枯黄，部分脱落，嫩枝条轻度冻伤；在背阴风口处所受冻害表现为叶片重度冻伤，整棵树叶片枯黄，全部脱落，嫩枝条重度冻伤，被短截，但若做好各项防寒防冻措施，冬季过后，大部分能恢复正常生长。另外，栽植在庭院内的樟树受冻害程度低于同期栽植在道路绿地内的；邻水栽植的樟树受冻害率低于远离水源的樟树；成活 10 年以上的樟树，在 2011 年冬季持续低温、干旱的情况下，无保暖措施也无冻害。

表4-4　徐州市引种樟树种源地统计（2014 年）

行政区划	合计（株）	苏南地区		浙江、皖南		湖北、江西等	
		数量（株）	所占比率（%）	数量（株）	所占比率（%）	数量（株）	所占比率（%）
鼓楼区	4254	2306	54.21	1856	43.63	92	2.16
云龙区	3467	1684	48.57	1487	42.89	296	8.54
泉山区	9742	4439	45.57	3621	37.17	1682	17.27
开发区	2331	1214	52.08	1009	43.29	108	4.63
新城区	4885	2536	51.91	1987	40.68	362	7.41
贾汪区	1171	605	51.67	524	44.75	42	3.59
铜山区	1535	856	55.77	604	39.35	75	4.89
邳州市	7086	3626	51.17	2600	36.69	860	12.14
新沂市	1214	608	50.08	501	41.27	105	8.65
睢宁县	3254	1612	49.54	1543	47.42	99	3.04
沛县	695	352	50.65	329	47.34	14	2.01
丰县	2807	1689	60.17	1067	38.01	51	1.82
其他	3702	1600	43.22	1413	38.17	689	18.61
合计	46 143	23 127	50.12	18 541	40.18	4475	9.70

从樟树冬季冻害发生规律可以看到其发生的原因是多样的，其中一个因素尤其值得重视，就是引种过程中对种源问题认识不深。据统计，徐州市引入樟树，常州、镇江、南京等苏南地区的占总量的50%左右；安徽南部及浙江的苗源占总量的40%左右；江西、湖北等其他苗源约占总量的10%（表4-4）。跨气候区采购工程用苗，没有经过适当的驯化锻炼就直接用于工程栽植，是新植樟树冻害的主要原因。

（二）樟树黄化病

据调查，至2013年底，全市有樟树约4.6万株，黄化病株率13.4%，其中，道路、广场黄化病株率15.5%，公园、街头绿地黄化病株率9.2%，单位、居住区黄化病株率13.7%。详见表4-5。其发生规律是：病株基本分布在黄泛冲击土壤上；小穴不换土的发病重，大穴换土的发病轻；小规格樟树发病快，大规格樟树发病迟；深栽发病重，浅植发病轻；有铺装的发病重、绿地中的发病轻；每年坚持防治的基本无病症，不防治的病症重。从樟树黄化病发生规律可以看到，施工单位栽植技术（土壤处理）措施不到位是最根本的原因。

表4-5　徐州市樟树黄化病发生情况统计（2013年）

单位	道路、广场		公园、街头绿地		单位、居住区		合计（株）	
	株数	黄化株率（%）	株数	黄化株率（%）	株数	黄化株率（%）	株数	黄化株率（%）
鼓楼区	85	40.0	1560	10.0	2609	12.7	4254	12.2
云龙区	1894	20.1	300	5.0	1273	10.1	3467	15.1
泉山区	98	12.2	1476	3.8	8168	7.8	9742	7.2
开发区	1789	8.8	83	7.2	459	9.6	2331	8.9
新城区	2338	8.1	1951	18.0	596	2.9	4885	11.4
贾汪区	894	10.3	248	15.3	29	13.8	1171	11.4
铜山区	726	12.7	108	5.6	701	11.6	1535	11.7
邳州市	2808	2.5	428	1.6	3850	29.5	7086	17.1
新沂市	610	12.5	38	13.2	566	11.0	1214	11.8
睢宁县	1674	56.7	527	3.0	1053	19.5	3254	36.0
沛县	501	15.8	194	16.5			695	16.0
丰县	2320	10.6	71	8.5	416	15.1	2807	11.2
其他	452	29.9	2984	7.5	54	11.1	3490	10.4
合计平均	16 189	15.5	9968	9.2	19 774	13.7	45 931	13.4

第三节　樟树应用主要构景方法

樟树在栽植和造景手法上主要以孤植、对植、列植、丛植、群植，结合乔、灌、草（地被）组团栽植等几种主要方式，以及结合建筑物、构筑物、雕塑等园林小品进行栽植。通过艺术手法，充分发挥樟树的形体、线条、季相等自然美及群体的形式美，产生综合景观，让人产生美的感受和联想。

一、孤植

孤植树主要表现树木的个体美，常作为主景，周围景观为它的配景；也可以作为周围景观的配景，完成从疏林到密林，或从密林、树群、树丛过渡到另一个密林的过渡，常在园林景观构图中起到画龙点睛的效果。樟树体形大，轮廓端正，姿态优美，色调明快，适于作孤植树。图 4-14 是在单位庭院绿化中的应用情形，图 4-15、图 4-16 分别为在樟树植物群落构建中作为中景、前景应用的情形。

图 4-14　庭院绿化中孤植樟树的运用（2014）

图4-15 作为中景的孤植樟树运用(2014)

图 4-16　作为前景的孤植樟树运用（2014）

二、对植

对植一般是指用两株或两丛同种树按照一定的轴线关系对称或均衡地栽植，可以分为规则式对植和自然式对植。在园林构图中作为配景，起陪衬和烘托主景的作用。常用在公园或建筑入口，及桥头、蹬道的石级两旁等。徐州市泉山森林公园在道路入口以对植方式配植了2株樟树(图4-17)，与树下的灌木组成绿色屏障，起遮障、分割景区的作用，增强了全园的层次感。

图4-17 道路路口的对植樟树(泉山森林公园，2014)

三、列植

列植指树木按一定的株行距规则式地栽种，形成整齐、雄伟的景观。列植在规则式园林中运用较多，如道路、广场、居住区、建筑物前的基础栽植等，常以行道树、绿篱、林带等形式出现在绿地中。图4-18是徐州开元迎宾馆内列植的行道树樟树，该区域为宾馆内部花园，栽植于道路两侧的草地中，既保持了良好的车内视觉，又对两侧的景观空间起到分割作用。图4-19为华方学院方楼楼前广场东侧列植的樟树，将楼前高地势广场与右侧低地势的草坪起到很好的分割与安全防护作用。图4-20是居民小区沿住宅楼山墙列植于绿篱内的樟树，软化了"水泥化"的僵硬形象。

图 4-18　列植樟树的运用(徐州开元迎宾馆，2014)

图 4-19　列植樟树的运用(华方学院，2014)

图 4-20　列植樟树的运用（邳州公安小区，2014）

四、丛植

丛植一般指三株至数株树木，按一定的构图方式栽植在一起栽植形式，是利用植物进行园林造景的重要手段，主要让人欣赏组合美、整体美。丛植的树丛组合彼此之间既有统一的联系，又有各自的变化；既要考虑植物的群体美，也要考虑在统一构图中的个体美。图 4-21 是耀邦公馆社区服务中心前丛植栽植的樟树，呈经典三角形布局，樟树作为主景与树下花池内多种灌木相配，让人充分领略植物组合之美。图 4-22 是市民广场草地与疏林过渡区的丛植樟树。

图 4-21　丛植樟树的运用（邳州耀邦公馆小区，2014）

图 4-22　丛植樟树的运用（市民广场，2014）

五、群植

较大数量的乔木栽植在一起称为群植。群植可以作为主景，也可以作为障景，主要体现群体的壮美。图 4-23 是大龙湖公园群植樟树，在开阔的草地上，以自然式布局一片樟树林，造成郊野森林的气氛。图 4-24、图 4-25 是作背景的群植樟树，利用樟树高大的树体，群植于模纹、彩叶灌木之后，通过色彩和空间位置的差异性，表现出斑斓的植物景观。

树阵广场和树阵停车场是适应现代城市功能需要的新型群植方式。树阵广场既解决园林绿化的需要，同时也解决了人们活动场地的需求，广受市民欢迎。树阵停车场既解决了停车场地问题，同时也解决了停车场绿量不足问题。图 4-26 是东坡运动广场的樟树树阵广场。图 4-27 是市民广场的樟树树阵停车场，采用乔木、灌木相结合的方式对空间进行合理分隔，灌木内列植了樟树，将停车空间与园林绿化空间有机结合，以高大的树冠形成绿荫覆盖，为停放车辆遮挡烈日暴晒，增加游人的舒适感，发挥了良好的生态功能。

图 4-23 群植樟树林（大龙湖公园，2014）

图 4-24　作背景的群植樟树（2014）

图 4-25　作背景的群植樟树（新城区，2014）

图 4-26　樟树树阵广场运用（东坡运动广场，2014）

图 4-27　樟树树阵停车场（市民广场，2014）

六、群落构建

樟树作为优秀绿化树种，可与其他各种乔灌木、草本植物、彩叶植物等构成植物群落，表现力强，可以很好地表达园林景观特色和风格。古黄河公园栽植樟树83棵，主要列植于公园道路沿线两侧，但又不作为单纯意义上的行道树对称列植，只在道路沿线重要节点进行非对称种植，彼此之间既相互呼应，又独立成景。在重要节点绿地内丛植数株樟树，周围配置低矮绿篱，高大秀美的樟树在这局部地区成为主景（图4-28）。大龙湖公园是集休闲、健身、游憩与文化交流四项功能于一体的大型城市中心滨水绿地。园内种植樟树4000余株，应用方式为列植、丛植或搭配栽植等，多种植于景区道路沿线、广场周围及重要节点之内。在景区内，北园、南园、秋广场采用樟树与紫叶李、红枫、红叶石楠等彩叶树种搭配，色彩上强烈反差，形成丰富的色彩层次。暖色调的红枫、红叶石楠等与冷色调的樟树叶形成色彩上的扩张与收缩，造成色彩的空间对比，但大量的绿色色调收敛了红色叶片的奔放，在视觉上产生强烈的体量感与空间感，给人以生动、兴奋的感觉，具有较强的吸引力（图4-29至图4-32）。

图4-28　樟树为作背景树的植物群落配置图（古黄河公园，2014）

图 4-29　樟树与彩叶植物配置(大龙湖公园，2014)

图 4-30　樟树与彩叶植物配置(东坡广场，2014)

图 4-31　作背景的群植樟树(新城区，2014)

图 4-32　樟树与其他植物群落配置图(市行政中心，2014)

七、组景

　　园林建筑、雕塑等是构成园林的重要因素，但是只有和构成园林的基本因素——园林植物有机组合，才会灵动起来。植物丰盛的自然颜色、柔和多变的线条、精美的姿势及风度，能有效弱化硬质景观的冷硬感，增加建构筑物的美感，使之生出一种活泼活跃而具有季节变更的感染力，一种动态的均衡构图使景观充满画意，给人以美的享受。图 4-33 是云龙公园十二生肖卡通群雕，吸引了众多的孩子和大人到此嬉戏、休息，是公园内主要的游人聚居地。由于生肖广场场地开阔，为丰富竖向空间景观，同时为游人提供夏荫功能，在外缘和连接入口广场的园路两侧列植樟树，形成云龙公园亮丽的风景线，同时对游人起到引导作用。图 4-34 是东坡运动广场入口雕塑与樟树的组景效果，樟树超长的寿命、强大的生命力，烘托了"生命在于运动"的主题。图 4-35 东坡运动广场艺术路灯与樟树的组景效果，樟树圆润的树冠、坚韧的枝叶与弧形的路灯和道路，表达了健康之道"刚柔相济"寓意。

图 4-33　樟树与雕塑配置(云龙公园，2014)

图 4-34 樟树与雕塑配置(东坡运动广场，2014)

图 4-35 樟树与照明灯具配置(东坡运动广场，2014)

图 4-36　樟树与建筑、植物配置(行政中心，2014)

图 4-37　樟树与健身设施配置(东坡运动广场，2014)

第五章

徐州市樟树引种
气候与土壤条件分析

徐州市引种栽植樟树，主要制约因素为冬季低温和土壤环境。随着全球气候变暖，进入 21 世纪以来，徐州市的冬季温度指标已接近樟树自然分布区北缘(江苏南京市)20 世纪 80 年代以前的水平。栽植土壤需要区别不同情况，分别采取相应的"改地适树"措施。

第一节　徐州市未来气候变化趋势

对 1960～2013 年徐州市实际气候观测记录分析表明，气候变暖趋势明显，年平均气温趋势率为 0.251℃/10a，其中 1990～2013 年间年平均气温与南京 1960～1989 年间的年平均气温相比只低 0.2℃。从季节看，冬季增温明显，夏季酷暑减少。冬季平均气温趋势率为 0.333℃/10a，年平均最低气温趋势率为 0.510℃/10a，最低气温小于 -10.0℃的年平均日数 1984 年后只有 0.6 天，与 1983 年以前的南京基本相当；夏季平均最高气温有下降的趋势，趋势率为 -0.078℃/10a。年降水量呈略增加趋势，但不明显。年日照时数呈显著减少趋势，趋势率为 6.01h/10a。综合看，徐州市气候变化趋势对樟树生长发育的影响是各有利弊，利大于弊。特别是年平均最低气温显著升高和 ≤ -10.0℃年平均日数显著减少，有利于樟树的栽种。

一、气候变暖趋势明显

首先，从年平均气温分析，1960～2013 年，徐州年平均气温在 13.3～15.9℃之间，平均为 14.7℃，在 1976 年后呈稳步升高趋势，54 年平均趋势率为 0.251℃/10a，平均气温升高了 1.36℃。其中，20 世纪 60、70、80、90 年代和本世纪前 14 年的年平均气温分别为 14.3、14.3、14.4、14.8、15.3℃。从图 5-1 中可以看出，徐州 1990～2013 年与南京 1960～1989 年的平均气温相比只低 0.2℃。年平均气温上升非常显著，从历史气候变化的角度看，在半个世纪的时间里，年平均气温有这样的升高幅度是非常惊人的。

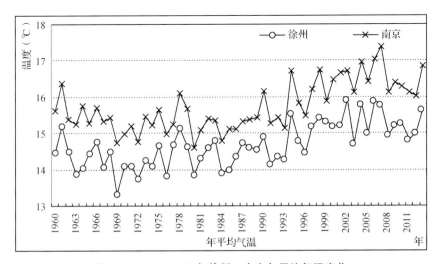

图 5-1 1960～2013 年徐州、南京年平均气温变化

其次，从图 5-2 年平均最低气温看，1960～2013 年，徐州年平均最低气温在 8.5～11.9℃之间，平均为 10.3℃，1969 年后，年平均最低气温稳步升高，54 年平均趋势率为 0.510℃/10a，平均最低气温升高了 2.75℃，远高于南京年平均最低气温的变化（同期南京的趋势率为 0.492℃/10a）。徐州 1990～2013 年与南京 1960～1999 年的平均最低气温也只低 0.2℃。

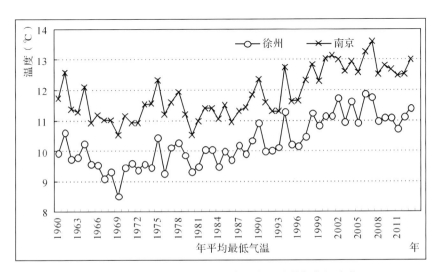

图 5-2 1960～2013 年徐州、南京年平均最低气温变化

第三，从冬季平均气温看，1961～2013 年徐州冬季平均气温在 -0.8～4.0℃之间，平均为 1.8℃，如图 5-3，冬季平均气温有显著升高趋势，趋势率为 0.333℃/10a，1985 年前的冬季平均气温为 1.3℃，而 1986 年后为 2.4℃。比较 1986 年后的徐州冬季平均气温和 1985 年前的南京值，二者只差 0.8℃。

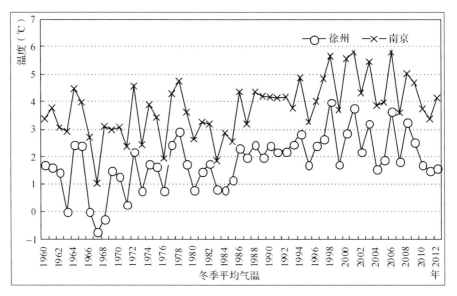

图 5-3　1961～2013 年徐州、南京冬季平均气温变化

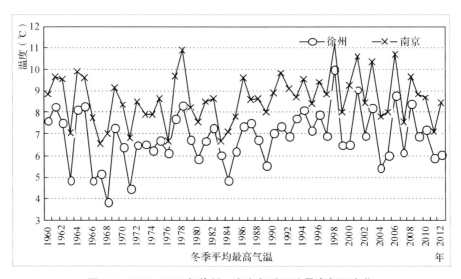

图 5-4　1961～2013 年徐州、南京冬季平均最高气温变化

第四，从冬季平均最低气温看，1961～2013 年徐州冬季平均最低气温在 -5.9～0.0℃之间，平均为 -2.2℃，冬季平均最低气温上升势头强劲，趋势率为 0.510℃/10a，相对于平均气温的变化而言，上升趋势更快，经过半个多世纪的持续上升，冬季平均温度升高了 2.75℃，造就了持续的暖冬现象。比较 1986 年后的徐州冬季平均最低气温和 1985 年前的南京值，徐州比南京仅低 0.7℃，如图 5-5。

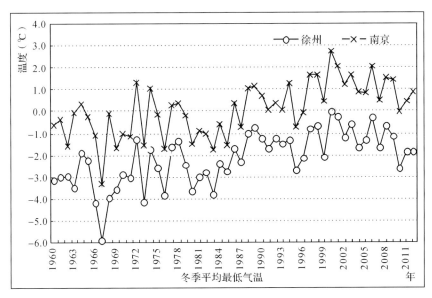

图 5-5　1961~2013 年徐州、南京冬季平均最低气温变化

第五，从最低气温小于 –10.0℃的年平均日数看，1983 年以前徐州最低气温小于 –10.0℃的年平均日数为 3.0 天，1984 年后只有 0.6 天。54 年低于 –10.0℃的年平均日数为 0.3 天，最多的也只有 3 天。1984 年后徐州低于 –10.0℃的日数与 1983 年以前的南京基本相当，更有徐州在 1999~2008 年的 10 年间，没有出现最低气温低于 –10.0℃的日数，如图图 5-6。

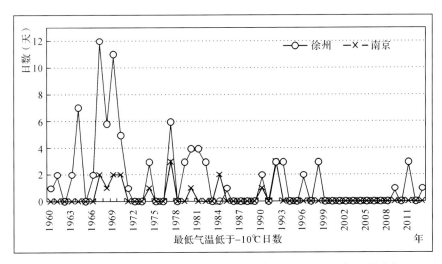

图 5-6　1961~2013 年徐州、南京冬季最低气温低于 –10.0℃日数变化

以上分析表明，徐州气候变暖主要表现在平均气温和平均最低气温升高，从季节分布来看，主要是冬季平均气温和平均最低气温升高非常显著。徐州气候变暖的趋势和幅度与全球性的气候变化较为一致，气候变化并没有停止的迹象。

二、夏季酷热减少

1961~2013 年徐州夏季平均气温在 25.1~28.5℃之间，平均为 26.4℃，如图 5-7，夏季平均气温有升高趋势，趋势率为0.131℃/10a。1961～2013年徐州夏季平均最高气温在29.5～33.3℃之间，平均为31.0℃，如图5-8，夏季平均最高气温有下降的趋势，趋势率为﹣0.078℃/10a。1961～2013年徐州夏季平均最低气温在21.0～24.5℃之间，平均为22.4℃，如图5-9，夏季平均最低气温有升高的趋势，趋势率为0.277℃/10a。

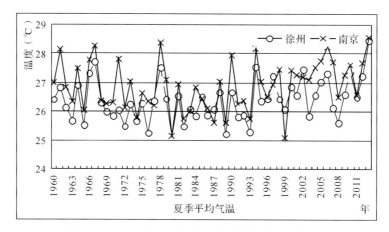

图5-7 1961～2013年徐州、南京夏季平均气温变化

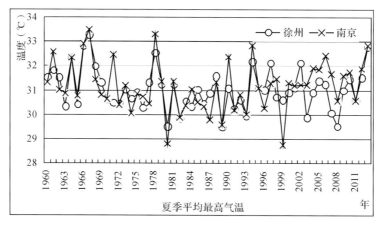

图5-8 1961～2013年徐州、南京夏季平均最高气温变化

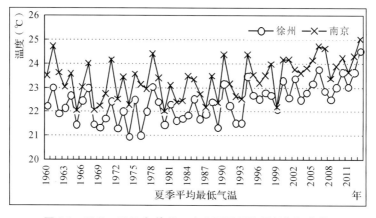

图5-9 1961～2013年徐州、南京夏季平均最低气温变化

1961～2013年徐州夏季高温日数在2～39天之间,年际间变化较大,平均为11.3天,有减少的趋势但趋势不明显,如图5-10。

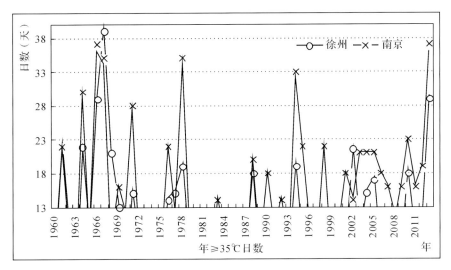

图5-10　1961～2013年徐州、南京年≥35℃日数变化

虽然徐州夏季平均气温有升高的趋势,但是夏季最高气温却有所下降,高温日数也有减少,总体上现在的夏季酷热减少,相对"清凉"了。

三、气候变干

徐州市未来的降水变化不显著,相对湿度略有降低。年降水量在500.6～1181.2mm之间,54年平均降水量为823.2mm,年际间变化较大,年降水量呈略增加趋势,但不明显,19世纪60、70、80、90年代和20世纪前10年平均降水量分别是845.5 mm、787.3 mm、777.1 mm、877.3 mm、894.4mm。但是近4年降水明显偏少,2000～2013年徐州的年平均降水量只有668.9mm,如图5-11。

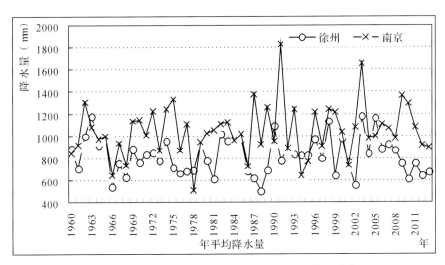

图5-11　1961～2013年徐州、南京年平均降水量变化

徐州市年平均相对湿度在62%~75%之间，平均相对湿度为69%，年平均相对湿度呈略减少趋势，趋势变化率为 −0.392%/10a，气候有变干燥的趋势。近10年来平均相对湿度67%，下降幅度陡增。南京的相对湿度比徐州平均要高6~7个百分点，与徐州一样，也有变干的倾向，近十年平均相对湿度为69%，如图5-12。

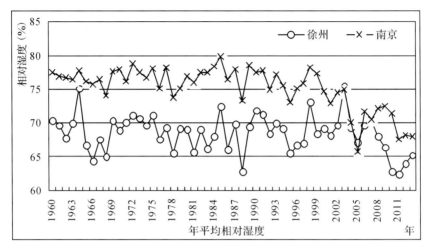

图5-12 1961~2013年徐州、南京年平均相对湿度变化

四、光照减少

徐州市年日照时数在1732.8~2592.8h之间，平均年日照时数为2216.6h，年日照时数呈显著减少趋势，趋势率为6.01h/10a。60年代平均年日照时数为2391.7h，近10年平均只有2100.7h，减少了7.6%。樟树为喜光植物，光照减少对其生长发育不利。南京近10年来平均日照时数也只有2297.7h，比20世纪60年代的2504.6h减少了8.3%，如图5-13。

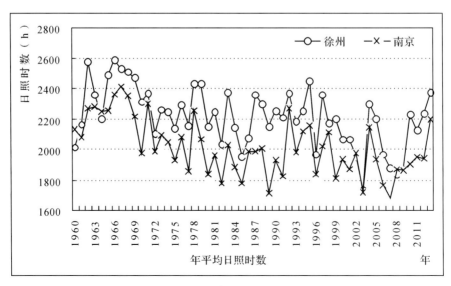

图5-13 1961~2013年徐州、南京年日照时数变化

第二节 徐州城市土壤与樟树生长

一、城市绿地土壤

徐州市城市绿地土壤状况，于法展等学者有过部分研究[98,99,100]。为全部掌握全市园林绿地土壤状况，徐州市市政园林局组织实施了"徐州市城市园林绿化资源调查"，由南京林业大学森林资源与环境学院具体承担，本书采用本调查成果[101,102]。调查表明，徐州城市园林绿地的土壤质地类型，以粉（沙）质黏壤土、壤土、粉（沙）质黏土和粉（沙）壤土为主；整体土壤密度偏大，其上层（0~20cm）平均值为1.25g/cm³，下层（20~40cm）平均值为1.33g/cm³，约60%以上的绿地上层土壤孔隙度偏低或偏高；约一半绿地下层土壤通气透水能力较差；土壤田间持水量偏低；土壤保肥能力中等及中等靠上水平；土壤盐分含量不会对园林植物生长造成影响；土壤有机质含量中偏低；土壤pH值，上层7.31~8.44，下层7.32~8.10，偏碱性；土壤水解性氮，上层4~6级的频率为70.59%，1~3级的频率为29.41%；下层4~6级的频率为86.27%，1~3级的频率为13.73%，水解性氮含量较低；土壤速效磷含量缺乏；速效钾含量丰富；土壤综合肥力指数，上层土壤各绿地类型均处于中等水平（$1.0 < P < 1.5$）。下层土壤中，防护绿地、综合公园和街头绿地处于中等水平，附属绿地、生产绿地及道路绿地处于较差水平。总体而言，徐州城市绿地土壤多数并不十分适宜樟树生长，需要进行适当的改良。

（一）研究方法

依据《城市绿地分类标准（CJJ/T85 – 2002）》，结合徐州市绿地实际情况，将徐州市绿地划分为6种类型，即综合公园、街头绿地、生产绿地、防护绿地、附属绿地和道路绿地。每种绿地类型设置4~5个30m×30m标准地。每个标准地在代表性地段分别多点采集0~20cm（上层）和20~40cm（下层）土壤混合样品，3次重复，共采集土壤样品168个，其中生产绿地18个，其他绿地各30个，并调查土壤的背景情况、利用现状和人为干扰状况（表5-1）。采样时间为2011年3月。土壤理化性质主要依据《森林土壤分析规范（GB7853）》、《土壤农业化学分析方法》（鲁如坤主编）[103]。数据统计分析方法采用SPSS17.0软件，进行各项指标的描述性统计，方差分析，相关性分析，聚类分析，主成分分析。

表 5-1 徐州市城市绿地土壤研究样地概况

绿地类型	样地号	采样点	土壤来源	土壤土层情况
附属绿地	1	御景湾小区	客土	层次凌乱，结构不明显，含有少量侵入体，人为扰动较明显
	2	徐工院南校区	客土	
	3	徐师大新区分校	客土	
	4	中国矿业大学	客土	
	5	恩华药业	客土	

（续）

绿地类型	样地号	采样点	土壤来源	土壤土层情况
防护绿地	6	奎河（泉山段）	原土	土壤疏松，结构良好，含有石砾、石灰，有机质丰富，均为原土，侵入体较少，扰动不明显
	7	凤凰山（人工林区）	原土	
	8	云龙山（人工林区）	原土	
	9	铁路专线防护林	原土	
	10	排洪道	原土	
综合公园绿地	11	云龙公园	客土	层次凌乱，侵入体较多，结构不明显，人为堆垫层次明显
	12	百果园	客土	
	13	戏马台公园	原土	
	14	楚河公园	客土	
	15	夏桥公园	客土	
生产绿地	16	金山园艺苗圃	原土	土壤紧实，侵入体少
	17	茶棚苗圃	原土	
	18	徐州市苗木基地	原土	
街头绿地	19	薇园	客土	结构不明显，含有石砾、石灰，侵入体较少，人为堆垫层次明显
	20	燕子楼绿地	客土	
	21	大马路三角绿地	客土	
	22	彭祖路北侧绿地	客土	
	23	柳园	客土	
道路绿地	24	二环北路	客土	层次凌乱，结构不明显，含有少量侵入体，人为扰动较明显
	25	和平路	客土	
	26	解放路	客土	
	27	北京路	客土	
	28	贾韩路	客土	

（二）土壤物理性质分析

1. 土壤颗粒组成

土壤颗粒组成是最基本的土壤物理性质，它决定着土壤毛管水强烈上升高度及水量的通透性能，与土壤耕性、养分有效性、保肥性及供肥性都有密切的关系，是重要的土壤肥力因子，拟定土壤利用、管理和改良措施的重要依据。研究结果显示，徐州市城市绿地土壤主要质地类型以粉（沙）质黏壤土、壤土、粉（沙）质黏土和粉（沙）壤土为主，详见表5-2。

表 5-2　不同绿地类型土壤的颗粒组成

绿地类型	采样点	0～20cm				20～40cm			
		沙粒（%）	粉粒（%）	黏粒（%）	质地	沙粒（%）	粉粒（%）	黏粒（%）	质地
综合公园绿地	云龙公园	12.6	49.6	37.8	粉（沙）质黏壤土	8.6	55.6	35.8	粉（沙）质黏壤土
	百果园	8.6	59.6	31.8	粉（沙）质黏壤土	6.6	57.6	35.8	粉（沙）质黏壤土
	戏马台公园	38.6	43.6	17.8	壤土	36.6	47.6	15.8	壤土
	楚河公园	15.4	41	43.6	粉（沙）质黏土	7.4	57	35.6	粉（沙）质黏壤土
	夏桥公园	11.4	43	45.6	粉（沙）质黏土	15.4	25	59.6	黏土
街头绿地	薇园	21.4	53	25.6	粉（沙）壤土	25.4	53	21.6	粉（沙）土
	燕子楼绿地	58.6	25.6	15.8	沙质土	64.6	21.6	13.8	沙土
	大马路绿地	17.4	61	21.6	粉（沙）壤土	5.4	69	25.6	粉土
	彭祖路北绿地	5.4	67	27.6	粉（沙）壤土	7.4	57	35.6	粉（沙）质黏壤土
	柳园	15.4	43	41.6	粉（沙）质黏土	19.4	41	39.6	粉（沙）质黏壤土
防护绿地	奎河（泉山段）	26.6	49.6	23.8	壤土	18.6	55.6	25.6	粉（沙）土
	凤凰山（人工林）	30.6	45.6	23.8	壤土	16.6	53.6	29.8	粉（沙）质黏壤土
	云龙山（人工林）	40.6	41.6	17.8	壤土	30.6	47.6	21.8	壤土
	铁路专线防护林	46.6	35.6	17.8	壤土	42.6	35.6	21.8	壤土
	排洪道	31.4	37	31.6	黏土	27.4	37	35.6	黏土
附属绿地	御景湾小区	0.6	59.6	39.8	粉（沙）质黏壤土	41.8	0.6	57.6	粉（沙）质土
	徐工院南校区	26.6	47.6	25.8	壤土	28.6	47.6	23.8	壤土
	徐师大新区分校	19.4	45	35.6	粉（沙）质黏壤土	23.4	35	41.6	黏土
	中国矿业大学	27.4	35	37.6	黏土	23.4	35	41.6	黏土
	恩华药业	11.4	47	41.6	粉（沙）质黏土	11.4	47	41.6	粉（沙）质黏土
道路绿地	二环北路	19.4	43	37.6	黏土	11.4	49	39.6	粉（沙）质黏壤土
	和平路	36.6	47.6	15.8	壤土	62.6	23.6	13.8	粉（沙）土
	解放路	16.6	65.6	17.8	粉（沙）土	22.6	59.6	17.8	粉（沙）土
	北京路	13.4	51	35.6	粉（沙）质黏壤土	9.4	53	37.6	粉（沙）质黏壤土
生产绿地	金山园艺苗圃	12.6	49.6	37.8	粉（沙）质黏壤土	14.6	51.6	33.8	粉（沙）质黏壤土
	茶棚苗圃	10.6	43.6	45.8	粉（沙）质黏土	10.6	45.6	43.8	粉（沙）质土
	徐州市苗木基地	18.6	51.6	29.8	粉（沙）质黏壤土	11.4	47	41.6	粉（沙）质土

注：沙粒 2.0～0.05mm，粉粒 0.05～0.002mm，黏粒＜0.002mm。

2. 土壤密度

土壤密度指自然状态下（包括土粒之间的空隙），单位容积土壤的干土质量。其数值大小与土壤质地、结构、松紧和有机质含量等有关，在理论及生产实践中具有多方面的实用意义[104]。土壤压实和板结导致土壤密度增大，孔隙度减小，不利于土壤通气、有效水分的储存和植物根系的生长[105]。因此，植物生长和土壤密度的大小有密切关系。

从表5-3可以看出，徐州市城市绿地土壤密度，上层变幅为0.70～1.52g/cm³，平均值为1.25g/cm³，最大值出现在生产绿地，最小值出现在防护绿地，不同绿地类型土壤密度差异显著，防护绿地土壤密度最小为1.14g/cm³，生产绿地土壤密度最大为1.30g/cm³。下层土壤密度变幅为1.10～1.61g/cm³，平均值为1.33g/cm³，最大值出现在街头绿地，最小值出现在附属绿地，多重比较显示，生产绿地土壤密度最大，附属绿地土壤密度最小。

表5-3 不同绿地类型土壤密度(g/cm³)

绿地类型	0～20cm		20～40cm	
	变幅	平均值±标准差	变幅	平均值±标准差
综合公园	1.00～1.48	1.26±0.20ab	1.32～1.39	1.34±0.03b
街头绿地	1.11～1.44	1.26±0.14ab	1.18～1.61	1.35±0.17b
生产绿地	1.29～1.52	1.30±0.14a	1.35～1.53	1.41±0.10c
防护绿地	0.70～1.28	1.14±0.25b	1.23～1.46	1.35±0.09b
附属绿地	1.29～1.31	1.29±0.01ab	1.10～1.35	1.23±0.13a
道路绿地	1.17～1.38	1.26±0.10ab	1.23～1.40	1.29±0.08b
合计	0.70～1.52	1.25±0.45	1.10～1.61	1.33±0.23

徐州市绿地土壤上层土壤密度在1.14～1.26g/cm³的频率仅占12.5%，在1.26～1.5 g/cm³之间的频率占58.00%，大于1.5g/cm³的频率占4.00%；下层土壤密度在1.14～1.26g/cm³之间的频率为26.00%，在1.26～1.5g/cm³之间的频率占60.00%，大于1.5 g/cm³占8.60%。从整体来看，土壤密度偏大，这和于法展[106]等的研究结果一致。土壤密度偏大造成土壤紧实，通气、透水性差，易导致地表径流，不利于土壤水分保存，影响园林植物根系的生长。

3. 土壤孔隙度

土壤孔隙度是单位容积土壤中空隙容积所占的百分数，包括总孔隙度、毛管孔隙度和非毛管孔隙度及其比例，决定着土壤水、肥、气、热的协调，尤其对水、气关系影响最为显著，也直接影响植物根系的生长。一般土壤的总孔隙度为35%～65%，最适宜为50%～60%，若总孔隙大于60%～70%，则过分疏松，难于立苗，不能保水；而毛管孔隙在30%～40%之间，非毛管孔隙在20%～10%，则比较理想[107,108]。

研究显示(表5-4)，徐州市城市绿地土壤非毛管空隙度上层平均值为11.21%，变幅在3%～28%，下层平均为9%，变幅在3%～19%；毛管孔隙度上层平均为43.33%，变幅在30%～51%，下层平均为40.43%，变幅在33%～47%；总孔隙度上层平均为54.46%，变幅在42%～71%，下层平均为48.78%，变幅在37%～62%。

徐州市绿地土壤上层适合植物生长的毛管孔隙度仅占20%，非毛管空隙度占41.67%，总孔隙度占41.60%，这说明上层土壤(0～20cm)约60%以上的绿地土壤孔隙度

徐州市樟树引种气候与土壤条件分析

偏低或偏高，对植物根系的生长会产生一定影响；下层适合植物生长的毛管孔隙度占 47.83%，非毛管孔隙度占 34.78%，总孔隙度占 43.48%，说明约一半土壤的通气透水能力较差，不利于植物的生长发育。

表5-4 不同绿地类型土壤孔隙度（%）

指标	绿地类型	0~20cm		20~40cm	
		变幅	平均值±标准差	变幅	平均值±标准差
非毛管孔隙度	综合公园	5.00~19.00	10.40±5.37b	7.00~12.00	9.00±2.16ab
	街头绿地	4.00~18.00	8.40±5.68b	3.00~15.00	7.67±6.35b
	生产绿地	4.00~18.00	8.40±5.68b	3.00~15.00	7.40±4.62b
	防护绿地	12.00~28.00	18.50±7.90a	4.00~15.00	10.25±4.86ab
	附属绿地	10.00~19.00	14.67±4.51b	14.00~19.00	16.50±3.54a
	道路绿地	3.00~15.00	8.00±6.00b	4.00~12.00	7.00±3.56b
	合计	3.00~28.00	11.21±8.56	3.00~19.00	9.00±4.56
毛管孔隙度	综合公园	35.00~50.00	42.20±5.63a	34.00~42.00	38.75±3.40a
	街头绿地	39.00~50.00	42.80±4.32a	35.00~47.00	40.80±5.31a
	生产绿地	43.00~47.00	45.00±2.00a	38.00~45.00	41.67±3.51a
	防护绿地	30.00~51.00	41.00±8.68a	33.00~46.00	39.50±6.03a
	附属绿地	40.00~51.00	44.67±5.69a	33.00~47.00	39.33±7.09a
	道路绿地	43.00~49.00	45.50±2.65a	39.00~45.00	42.50±2.65a
	合计	30.00~51.00	43.33±5.09	33.00~47.00	40.43±8.09
总孔隙度	综合公园	42.00~63.00	52.60±9.02a	43.00~51.00	47.75±3.59a
	街头绿地	44.00~59.00	51.00±6.24a	37.00~62.00	47.80±10.13a
	生产绿地	50.00~60.00	53.67±5.51a	42.00~60.00	49.33±9.45a
	防护绿地	52.00~71.00	59.50±9.26a	46.00~52.00	49.75±2.63a
	附属绿地	55.00~62.00	59.00±3.61a	45.00~52.00	49.33±3.97a
	道路绿地	48.00~60.00	53.25±6.18a	43.00~54.00	49.25±4.86a
	合计	42.00~71.00	54.46±4.56	37.00~62.00	48.78±5.67

4. 土壤田间持水量

土壤水是土壤的重要组成部分之一，是植物生长和生存的物质基础，也是自然界水循环的一个重要环节。水对土壤的形成过程、土壤土层的发育和土壤中物质和能量的运移都有重要的影响。田间持水量为植物有效水分的上限，适宜植物正常生长发育的土壤含水量至少为田间持水量的 60%~80%，如果低于此含水量时，植物的生长就会受到影响。研究显示（表5-5），上层绿地土壤田间持水量平均为 30.17%，变幅为 21%~51%，最大值和最小值均出现在街头绿地；下层绿地土壤田间持水量平均值为 26.35%，变幅为 19%~33%，田间持水量最大值和最小值情况与上层相同。多重比较显示，不同绿地类型土壤田间持水量没有显著差异。

表5-5　不同绿地类型土壤田间持水量(%)

绿地类型	0~20cm		20~40cm	
	变幅	平均值±标准差	变幅	平均值±标准差
综合公园	21.00~47.00	30.0±10.12a	20.00~28.00	25.25±3.59a
街头绿地	24.00~40.00	29.20±6.38a	19.00~33.00	26.80±5.81a
生产绿地	25.00~30.00	28.00±2.65a	22.00~28.00	26.00±3.46a
防护绿地	23.00~51.00	33.7±12.58a	21.00~27.00	24.75±2.63a
附属绿地	26.00~35.00	29.33±4.93a	24.00~30.00	26.67±3.06a
道路绿地	27.00~34.00	30.25±2.99a	28.00~29.00	28.50±0.58a
合计	21.00~51.00	30.17±7.25	19.00~33.00	26.35±3.52

(三)土壤化学性质分析

1. 土壤有机质

土壤有机质是指存在于土壤中的所有含碳有机化合物，主要包括土壤中各种动物、植物残体、微生物体及其分解和合成的各种有机化合物。有机质既是土壤化学指标，也是土壤生物学指标，对土壤结构的形成、土壤养分的释放、土壤吸附和缓冲功能、土壤微生物的活动、侵蚀性及土壤保水性能都起着至关重要的作用。

统计分析表明(表5-6)，上层土壤有机质平均值为22.37g/kg，变幅为5.18~65.32g/kg，1~3级(有机质含量>20g/kg)的频率占37%，4~6级(有机质含量<20g/kg)的频率占63%。下层平均值为17.84g/kg，变幅为2.60~64.71g/kg。1~3级的频率占24%，4~6级的频率76%。多重比较结果显示，除了防护绿地土壤有机质含量较高外，其他几种绿地土壤有机质没有显著差异。根据全国第二次土壤普查土壤肥力分级标准，徐州市0~20cm和下层有机质含量在中偏低水平。

表5-6　不同绿地类型土壤有机质含量(g/kg)

绿地类型	0~20cm		20~40cm	
	变幅	平均值±标准差	变幅	平均值±标准差
综合公园	21.00~47.00	30.0±10.12a	20.00~28.00	25.25±3.59a
街头绿地	24.00~40.00	29.20±6.38a	19.00~33.00	26.80±5.81a
生产绿地	25.00~30.00	28.00±2.65a	22.00~28.00	26.00±3.46a
防护绿地	23.00~51.00	33.7±12.58b	21.00~27.00	24.75±2.63a
附属绿地	26.00~35.00	29.33±4.93a	24.00~30.00	26.67±3.06a
道路绿地	27.00~34.00	30.25±2.99a	28.00~29.00	28.50±0.58a
合计	21.00~51.00	30.17±7.25	19.00~33.00	26.35

第五章

徐州市樟树引种气候与土壤条件分析

2. 土壤 pH 值

土壤 pH 是土壤重要的化学性质之一，深刻影响着几乎所有养分的有效性，或者毒害物质(元素)的活性，也影响到土壤中微生物的数量、组成和活性，从而影响到土壤中物质的转化，因此它是土壤化学性质中最为综合和重要的特征。

研究显示(表 5-7)，在上层中，土壤 pH 值平均值为 8.07，变幅在 7.31 ~ 8.44 之间，最大值(pH = 8.44)和最小值(pH = 7.31)均出现在公园绿地；在下层中，土壤 pH 值平均值为 8.10，最大值(pH = 8.49)出现在街头绿地，最小值(pH = 7.32)出现在公园绿地。多重比较结果显示：在不同绿地类型土壤上层中，附属绿地和街头绿地、道路绿地之间 pH 有显著差异，附属绿地 pH 值偏高。防护绿地、生产绿地、街头绿地、公园绿地和道路绿地之间无显著差异；在下层中，不同绿地土壤之间没有显著差异。同时，通过分析表明，不同植被土壤 pH 值没有显著差异，说明植被类型对于土壤酸碱性没有显著影响(表 5-8)。

表 5-7　不同绿地类型土壤 pH

绿地类型	0 ~ 20cm		20 ~ 40cm	
	变幅	平均值 ± 标准差	变幅	平均值 ± 标准差
综合公园	7.31 ~ 8.44	7.99 ± 0.42b	7.32 ~ 8.42	8.01 ± 0.43a
街头绿地	7.70 ~ 8.42	8.14 ± 0.26ab	7.60 ~ 8.49	8.15 ± 0.26a
生产绿地	7.94 ~ 8.00	7.96 ± 0.03ab	7.98 ~ 8.06	8.03 ± 0.04a
防护绿地	7.53 ~ 8.27	8.07 ± 0.21ab	7.75 ~ 8.44	8.13 ± 0.20a
附属绿地	8.18 ~ 8.39	8.27 ± 0.09a	8.15 ~ 8.44	8.28 ± 0.13a
道路绿地	7.60 ~ 8.25	7.96 ± 0.28a	7.39 ~ 8.44	8.03 ± 0.37a
合计	7.31 ~ 8.44	8.07 ± 0.29	7.32 ~ 8.49	8.10 ± 0.30

表 5-8　不同植被类型土壤 pH

绿地类型	0 ~ 20cm		20 ~ 40cm	
	变幅	平均值 ± 标准差	变幅	平均值 ± 标准差
草灌木	7.67 ~ 8.39	8.10 ± 0.38a	7.39 ~ 8.44	7.99 ± 0.50a
灌木	7.64 ~ 8.17	7.93 ± 0.26a	8.22 ~ 8.34	8.27 ± 0.05a
草坪	8.02 ~ 8.38	8.19 ± 0.18a	8.04 ~ 8.43	8.18 ± 0.21a
乔灌草	8.00 ~ 8.44	8.22 ± 0.22a	8.04 ~ 8.41	8.26 ± 0.20a
林地	7.31 ~ 8.32	8.04 ± 0.38a	7.37 ~ 8.27	8.02 ± 0.38a
乔灌木	7.60 ~ 8.42	8.07 ± 0.30a	7.95 ~ 8.49	8.14 ± 0.23a

3. 土壤速效养分

徐州城市绿地土壤水解性氮，在上层中，平均值为 85.50mg/kg，变幅在 21.65 ~ 277.11mg/kg 之间；在下层中平均值为 59.51mg/kg，变幅在 17.32 ~ 200.62mg/kg 之间(表

5-9）。根据全国第二次土壤普查土壤养分分级，上层中，4~6级的频率为70.59%，1~3级的频率为29.41%；下层中，4~6级的频率为86.27%，1~3级的频率为13.73%。土壤水解性氮含量较低可能和换土、改土时间不长有关，在一定程度上可能会影响到园林植物的生长。

速效磷含量见表5-10。土壤速效磷含量在6级水平（速效磷<3mg/kg）占70%以上，5级水平（3~5mg/kg）占9%，说明徐州市城市绿地土壤速效磷含量缺乏，主要原因在于土壤钙含量较高，对磷素进行了化学固定，生成了磷的难溶性物质，导致了磷的有效性下降，需要加强磷肥的使用，并提高磷肥的利用率。

速效钾含量见表5-11。在上层中，速效钾含量在1~3级的频率占100%，在下层中，速效钾含量在1~3级的频率占86.27%，根据全国第二次土壤普查土壤肥力分级标准，表明徐州市绿地土壤速效钾含量丰富，完全满足园林植物对钾素的需求。

表5-9　不同绿地类型土壤水解性氮含量（mg/kg）

绿地类型	0~20cm		20~40cm	
	变幅	平均值±标准差	变幅	平均值±标准差
综合公园	25.98~213.61	71.08±61.72b	25.98~96.70	48.94±21.34b
街头绿地	21.65~212.16	89.92±65.06ab	23.09~103.92	51.81±28.25b
生产绿地	35.16~73.61	56.16±19.47ab	34.64~72.16	48.75±20.42ab
防护绿地	31.09~277.11	130.40±84.48a	17.32~200.62	90.21±58.00a
附属绿地	23.09~95.26	53.95±26.77b	32.93~105.36	61.85±25.67ab
道路绿地	38.97~167.42	78.48±41.18ab	31.75~60.62	44.74±10.00b
合计	21.65~277.11	85.50±63.73	17.32~200.62	59.51±36.27

表5-10　不同绿地类型土壤速效磷含量（mg/kg）

绿地类型	0~20cm		20~40cm	
	变幅	平均值±标准差	变幅	平均值±标准差
综合公园	0.11~7.98	2.74±2.64a	0.02~13.30	3.04±3.88a
街头绿地	0.02~8.12	2.81±2.99a	0.01~18.77	3.38±5.72a
生产绿地	0.11~6.07	2.18±3.37a	0.06~5.14	2.04±2.70a
防护绿地	0.07~3.92	1.10±1.15a	0.02~3.44	0.50±0.98a
附属绿地	0.02~3.97	1.17±1.62a	0.09~2.67	0.73±0.60a
道路绿地	0.01~11.59	3.19±4.35a	0.03~5.78	1.41±2.37a
合计	0.01~11.59	2.22±2.75	0.01~18.77	1.87±3.47

表5-11　不同绿地类型土壤速效钾含量（mg/kg）

绿地类型	0~20cm		20~40cm	
	变幅	平均值±标准差	变幅	平均值±标准差
综合公园	105.62~689.29	237.4±200.63a	126.58~584.46	254.54±168.41b
街头绿地	108.24~296.20	154.03±54.48a	68.93~374.81	146.95±88.37a
生产绿地	160.65~171.13	166.77±5.46a	139.69~160.65	147.54±11.42b
防护绿地	150.17~348.61	227.03±69.04a	84.65~205.20	137.72±37.49a
附属绿地	129.20~296.20	195.26±62.88a	92.51~202.58	149.00±34.79a
道路绿地	116.10~296.20	182.00±66.87a	58.45~191.37	127.38±42.49a
合计	105.62~689.29	200.19±111.74	58.45~584.46	167.54±103.71

4. 土壤阳离子交换量

徐州市不同绿地类型土壤阳离子交换量（CEC）见表5-12。目前农业上一般认为 CEC <10coml（+）/kg 为保肥力弱的土壤，10~20coml（+）/kg 为保肥力中等、CEC >20coml（+）/kg 的为保肥力强的土壤[109]。参照这一标准，徐州市绿地土壤保肥能力处于中等及中等靠上水平。但对于城市园林土壤来说，为达到园林植物较好的观赏效果，CEC 的园林土壤控制标准可考虑定在≥14coml（+）/kg，满足这一指标的土壤，理化性质均较好，基本上能达到园林植物的正常生长要求[110]。

表5-12　不同绿地类型土壤阳离子交换量[cmol（+）/kg]

绿地类型	0~20cm		20~40cm	
	变幅	平均值±标准差	变幅	平均值±标准差
综合公园	11.43~27.59	14.93±4.72a	11.03~19.09	13.75±2.58a
街头绿地	11.22~16.94	13.45±1.61a	10.05~20.75	13.50±2.96a
生产绿地	13.56~14.42	13.92±0.44a	12.29~12.92	12.69±0.35a
防护绿地	14.05~33.81	21.62±5.57b	11.48~25.66	18.69±4.97b
附属绿地	12.38~13.32	12.81±0.32a	12.15~15.90	13.67±1.27a
道路绿地	11.27~16.76	13.44±1.65a	11.28~16.47	12.80±1.71a
合计	11.22~33.81	15.50±4.79	10.05~25.66	14.54±3.68

5. 土壤电导率

土壤电导率是测定土壤水溶性盐的指标，而土壤水溶性盐是土壤的一个重要属性，是判定土壤中盐类离子是否限制植物生长的因素。分析表明（表5-13），上层土壤电导率平均值为 0.15mS/cm，变幅为 0.08~0.23mS/cm。下层土壤电导率平均值为 0.16mS/cm，变幅为 0.08~0.23mS/cm。根据绿化种植土壤标准（CJ/T340~2011），要求绿化种植土壤电导率为 0.15~1.2mS/cm，从数据可以看出，土壤盐分含量不会对园林植物生长造成影响。

表 5-13　不同绿地类型土壤电导率(mS/cm)

绿地类型	0～20cm		20～40cm	
	变幅	平均值 ± 标准差	变幅	平均值 ± 标准差
综合公园	0. 09～0. 23	0. 18 ±0. 54b	0. 11～0. 15	0. 15 ±0. 84a
街头绿地	0. 11～0. 23	0. 16 ±0. 94b	0. 10～0. 24	0. 17 ±0. 74a
生产绿地	0. 12～0. 16	0. 14 ±0. 78ab	0. 09～0. 23	0. 14 ±0. 05a
防护绿地	0. 10～0. 22	0. 23 ±2. 24b	0. 09～0. 19	0. 14 ±0. 14a
附属绿地	0. 09～0. 15	0. 12 ±0. 02a	0. 11～0. 15	0. 13 ±0. 43a
道路绿地	0. 08～0. 19	0. 13 ±0. 04b	0. 08～0. 23	0. 16 ±0. 94a
合计	0. 08～0. 23	0. 15 ±0. 04	0. 08～0. 23	0. 16 ±0. 04

（四）土壤理化性质相关性

土壤理化性质相关性见表 5-14。表中，＊＊表示差异极显著，$p < 0.01\%$ ；＊表示差异显著，$p < 0.05\%$ 。

表 5-14　不同绿地类型土壤理化性质相关性

	田间持水量	土壤密度	非毛管孔隙度	毛管孔隙度	总孔隙度	pH 值	全钾	全磷	全氮	速效磷	速效钾	水解性氮	阳离子交换量	有机质	电导率
田间持水量	1														
土壤密度	- 0. 789 ＊＊	1													
非毛管孔隙度	0. 308	- 0. 744 ＊＊	1												
毛管孔隙度	0. 622 ＊＊	- 0. 165	- 0. 245	1											
总孔隙度	0. 716 ＊＊	- 0. 789 ＊＊	0. 731 ＊＊	0. 482 ＊	1										
pH 值	- 0. 182	0. 214	- 0. 023	0. 032	0. 002	1									
全钾	- 0. 162	- 0. 137	0. 276	- 0. 217	0. 097	0. 27	1								
全磷	0. 388	- 0. 307	0. 05	0. 053	0. 083	- 0. 554 ＊＊	0. 011	1							
全氮	0. 694 ＊＊	- 0. 724 ＊＊	0. 479 ＊	0. 067	0. 480 ＊	- 0. 409 ＊	- 0. 303	0. 399	1						
速效磷	0. 242	- 0. 107	- 0. 18	0. 19	- 0. 029	- 0. 530 ＊＊	- 0. 277	0. 525 ＊＊	0. 235	1					
速效钾	0. 507 ＊	- 0. 416 ＊	0. 168	0. 122	0. 237	- 0. 647 ＊＊	- 0. 316	0. 708 ＊＊	0. 640 ＊＊	0. 503 ＊	1				
水解性氮	0. 704 ＊＊	- 0. 743 ＊＊	0. 441 ＊	0. 048	0. 433 ＊	- 0. 478 ＊	- 0. 108	0. 461 ＊	0. 761 ＊＊	0. 274	0. 563 ＊＊	1			
阳离子交换量	0. 714 ＊＊	- 0. 743 ＊＊	0. 491 ＊	0. 057	0. 485 ＊	- 0. 394	- 0. 292	0. 476 ＊	0. 977 ＊＊	0. 264	0. 619 ＊＊	0. 811 ＊＊	1		
有机质	0. 690 ＊＊	- 0. 722 ＊＊	0. 481 ＊	0. 06	0. 476 ＊	- 0. 410 ＊	- 0. 317	0. 386	0. 999 ＊＊	0. 228	0. 633 ＊＊	0. 768 ＊＊	0. 978 ＊＊	1	
电导率	- 0. 013	- 0. 086	0. 051	- 0. 255	- 0. 134	- 0. 591 ＊＊	- 0. 301	0. 521 ＊＊	0. 199	0. 419 ＊	0. 471 ＊	0. 201	0. 212	0. 195	1

（四）城市绿地土壤质量综合评价

采用修正的内梅罗(Nemoro)公式计算土壤质量指数：

$$P = \sqrt{\frac{(\bar{p_i})^2 + (p_{min})^2}{2}} \cdot \left(\frac{n-1}{n}\right)$$

式中：

P 为土壤综合肥力系数：$\geqslant 2.0$ 优，$1.5～2.0$ 良，$1.0～1.5$ 中，<1.0 差；

$\bar{p_i}$ 为土壤各分肥力系数的平均值；

$\bar{p}_{imin}$(p_i 最小)为各分肥力系数中最小值(采用 p_i 最小代替原内梅罗公式中的 p_i 最大是为了突出土壤属性中最差一项指标对肥力的影响,即突出限制性因子);

n 为参评指标数;

$(n-1)/n$ 为修正项,即参评土壤属性项目(n)越多,可信度越高。

根据建立的徐州市绿地土壤质量评价最小数据集,选择土壤密度、pH 值、速效磷、速效钾、水解性氮、阳离子交换量、有机质、黏粒含量等 8 项指标,各指标的分级标准值见表5-15。

表 5-15　土壤质量评价指标分级标准值

土壤属性	Xa	Xc	Xp
土壤密度(g/cm³)	1.45	1.35	1.25
有机质(g/kg)	12	20	30
速效钾(mg/kg)	60	100	200
速效磷(mg/kg)	3	5	10
水解性氮(mg/kg)	40	120	180
pH < 7.0	4.5	505	6.5
pH > 7.0	9	8	7
阳离子交换量[coml(+)/kg]	10	15	20

为消除指标之间的量纲差别,对各指标进行标准化处理:

当指标测定值属于"极差"级时,即 $Ci \leq Xa$

$Pi = Ci/Xa$,($Pi \leq 1$)

当指标的测定值属于"差"级时,即 $Xa < Ci \leq Xc$:

$Pi = 1 + (Ci - Xa)/(Xc - Xa)$,($1 < Pi \leq 2$)

当指标的测定值属于"中等"级时,即 $Xc < Ci \leq Xp$:

$Pi = 2 + (Ci - Xc)/(Xp - Xc)$,($2 < Pi < 3$)

当指标的测定值属于"良好"级时,即 $Ci > Xp$:$Pi = 3$

以上各式中,Pi 称为分肥力系数;Ci 为指标的测定值;X 为指标分级标准(表4-16,其中 Xa、Xc 和 Xp 分别为"差"级、"中等"级和"良好"级分级标准)。

土壤黏粒含量按以下规则单独处理:当黏粒含量在 $20\% \leq Ci \leq 30\%$ 时,$Pi = 3$;当土壤黏粒含量小于 20% 或者大于 30% 时,$Pi = 1$。

经计算,徐州市不同绿地类型土壤综合肥力指数(P)大小,上层土壤依次为综合公园(1.469)、防护绿地(1.326)、道路绿地(1.304)、街头绿地(1.300)、生产绿地(1.253)、附属绿地(1.102),各种绿地类型的肥沃程度均处于中等水平(1.0 < P < 1.5)。下层土壤中,防护绿地、综合公园和街头绿地土壤处于中等水平,分别为 1.242、1.169 和 1.247,附属绿地、生产绿地及道路绿地处于较差水平,分别为 0.992、0.997 和 0.983。除了防护绿地、生产绿地外,其他绿地土壤均是客土,且都是近几年新建的,所以整体肥力较低。

二、城市绿地土壤与樟树生长的关系

(一)研究方法

1. 样地设置

样地主要根据徐州市土壤类型、香樟树的分布和生长情况，采取典型样地的方式设置，共设置了徐丰路广场、徐丰路广场绿地、新城区政府、和平大道行道树、和平大道路旁绿地、军旅小区、彭祖园、云龙山南坡、徐州医学院韩山分院、马陵山、邳州市陇海大道等11个调查样地，每个样地重复3次。徐丰路广场、新城区政府、和平大道行道树、军旅小区香樟黄化特征明显，香樟长势较差；云龙山南坡、彭祖园香樟黄化特征轻微，长势一般，徐丰路广场绿地、和平大道路旁绿地、徐州医学院韩山分院、马陵山、邳州市陇海大道香樟黄化特征不明显，长势良好。调查样地概况见表5-16。

表5-16 徐州市香樟调查样地表

采样地点	重复	胸径(cm)	土壤概况	香樟生长情况
A 徐丰路广场	A1	17.5	样地位于广场种植池内，树池规格小，种植密集，铺装下为水泥压实，下垫垃圾土。土壤层次凌乱，紧实，侵入体较多，人为扰动明显。	香樟生长空间小，黄化，长势不好，只有当年生嫩叶，叶片中黄色。
	A2	16.0		
	A3	16.7		
B 新城区政府	B1	27.0	样地位于新城区政府路旁绿地内，土壤层次凌乱，紧实，侵入体较多，人为堆垫层次明显。	树木长势不好，黄化，叶片黄化从叶缘开始。
	B2	25.0		
	B3	25.5		
C 徐丰路广场绿地	C1	17.0	样地为徐丰路广场硬质铺装旁绿地，树木种植间距适当。土壤层次凌乱，土壤较疏松，侵入体较多，人为堆垫层次明显。	树木长势良好，叶片深绿色，树冠完好。
	C2	18.3		
	C3	17.0		
D 彭祖园	D1	20.0	样地位于彭祖园内，属于大树移栽。土壤层次凌乱，侵入体较多，人为堆垫层次明显。	树木长势一般，无黄化，叶片呈柠檬黄色，树冠完整。
	D2	19.7		
	D3	19.3		
E1 和平大道路旁绿地	E1	26.0	样地位于和平大道道路旁绿地内，侵入体较少，土壤疏松，人为堆垫层次明显。	树木长势良好，无黄化，叶片深绿色，树冠完好。
	E2	25.8		
	E3	15.6		
E2 和平大道行道树	E4	18.7	样地为路旁行道树种植池，透气性差较差，铺装下方铺垫建筑、生活垃圾。土壤层次凌乱，紧实，含有少量侵入体，人为扰动较明显。	行道树香樟长势不好，黄化，叶片黄绿色或中黄色。
	E5	17.5		
	E6	17.0		
F 军旅小区	F1	23.0	样地位于小区绿地内，土壤层次凌乱，含有少量侵入体，土壤较疏松，人为扰动较明显。	树木成片黄化，叶片呈柠檬黄色或中黄色。
	F2	16.8		
	F3	13.1		

（续）

采样地点	重复	胸径（cm）	土壤概况	香樟生长情况
G 云龙山南坡	G1	23.2	样地位于云龙山南坡，生长环境良好，含有石砾、石灰，侵入体较少，土壤较疏松，人为堆垫层次明显。	树木长势一般，无黄化，树冠完好无缺。
	G2	21.3		
	G3	21.0		
H 徐州医学院韩山分院	H1		样地属于校园绿地，小环境好。层次凌乱，含有少量侵入体，土壤较疏松，人为扰动较明显。	树木长势良好，无黄化，叶片深绿色，树冠完好无缺。
	H2	62.5		
	H3			
I 马陵山	I1	71.0	样地位于马陵山，生长环境良好，土壤疏松，结构良好，含有石砾，均为原土，侵入体较少，扰动不明显。	树木长势良好，无黄化，叶片为深绿色或墨绿色、有光泽，树冠完整。
	I2	42.0		
	I3	72.5		
J 邳州陇海大道	J1	20.0	样地位于道路旁绿化带，生长环境一般。层次凌乱，土壤疏松，含有少量侵入体，人为扰动较明显。	树木长势良好，无黄化，叶片深绿色，树冠完好。
	J2	21.0		
	J3	16.5		

2. 土壤及香樟叶样品采集

2014 年 6 月，在广泛踏查的基础上选择 11 个典型样地进行调查采样，重复 3 次。每个重复样地选取 1 株典型香樟树作为采样株，在树冠投影中部向外挖掘 3 条放射状土壤剖面（需要时掀开地面硬铺装），分别 0～30cm、30～60cm 采集土壤混合样品，放入自封袋中，带回实验室进行分析。环刀法采集原状土壤，铝盒采集土壤样品，将铝盒和环刀用保鲜膜包裹后，带回实验室测定土壤物理性质。记录生境与树木生长情况。在树冠四个方向采集叶片，放入自封袋中，用冰盒带回实验室。

3. 样品分析

土壤样品摊在室内干净白纸上，在阴凉处自行干燥，风干过程中经常翻动土样并将大土块捏碎以加速干燥，检除植物细根、石块等杂质。风干后，用木棒磨碎，分别通过 2mm、0.25mm 和 0.15mm 土壤筛，装密封袋备用，样品袋外写明编号、采样地点、采样深度、样品粒径等。

香樟叶片采回后，用蒸馏水洗净，均匀剪碎，放入低温冰箱中保存待测。

（1）土壤物理性质测定

土壤含水量：烘干法

土壤容重、土壤孔隙度：环刀法

（2）土壤化学指标的测定

土壤 pH：电位法；

全氮：半微量凯式法；

有效磷：0.5mol/L 碳酸氢钠浸提—钼蓝比色法；

速效钾：1mol/L 乙酸铵浸提—火焰光度法；

有机质：重铬酸钾氧化—外加热法；

土壤 Ca、Mg 及全量微量元素(Fe、Mn、Zn、Cu)：$HF-HNO_3-HClO_4$ 消煮法—原子吸收分光光度法；

土壤有效态微量元素(Fe、Mn、Zn、Cu)：DTPA 浸提—原子吸收分光光度法。

(3)香樟叶片生理生化指标测定

叶绿素含量：称取剪碎的新鲜样片 0.2g，放入研钵中，加入少量石英砂和碳酸钙粉及 2~3mL 96% 乙醇，研成匀浆，倒入离心管中，并用少量乙醇冲洗研体、研棒数次倒入离心管中，离心 5min 后将上清液倒入 25mL 棕色容量瓶中，用乙醇定容至 25mL，用分光光度计在波长 665、649、470nm 下测定吸光度。

可溶性糖：蒽酮比色法；

叶片营养元素：$H_2SO_4-H_2O_2$ 消煮法—原子吸收分光光度法。

(二)结果与分析

1. 土壤物理性质

土壤容重、孔隙度等物理性质是影响树木生长的重要因素。从表 5-17 可知，在 0~30cm 土层中，不同样地土壤含水量范围为 7.77%~21.83%，新城区政府土壤含水量最低，彭祖园土壤含水量最高。土壤容重较大，范围为 1.23~1.80g/cm³，和平大道路旁绿地土壤容重最大，为 1.80g/cm³，根据住房和城乡建设部颁布的《绿化种植土壤》(CJ/T340-2011)标准(绿化种植土壤密度≤1.35g/cm³)的标准，除徐丰路广场外，其他样地土壤容重过大，对树木根系的生长有较严重的阻碍作用，将影响香樟的生长。土壤孔隙度是单位容积土壤中空隙容积所占的百分数，包括总孔隙度、毛管孔隙度和非毛管孔隙度及其比例，决定着土壤水、肥、气、热的协调，尤其对水、气关系影响最为显著，也直接影响植物根系的生长。总孔隙度在 50%~60% 之间，一般情况下毛管孔隙在 30%~40% 之间，非毛管孔隙在 20%~10%，则比较理想。调查样地除徐丰路广场外，土壤总孔隙度都在 50% 以下，非毛管孔隙度都在 10% 以下，土壤总孔隙度、非毛管孔隙度均较低，土壤土壤孔隙状况不理想，土壤通气性差。下层土壤(30~60cm)与上层土壤性质类似，土壤容重均大于《绿化种植土壤》(CJ/T340-2011)规定的标准，将影响香樟根系的生长；孔隙状况也处于不理想状态，土壤总孔隙度较低，非毛管孔隙度较小，导致各种孔隙比例不适宜，影响土壤的通气状况。应加强土壤管理，如对绿地进行松土，增施有机肥等，不但可以降低土壤容重，而且增加土壤通气透水性，改善香樟土壤条件。

表 5-17　土壤物理性质

样地	上层(0~30cm)					下层(30~60cm)				
	含水量 (%)	土壤容重 (g/cm)	总孔隙度 (%)	毛管孔隙 (%)	非毛管孔隙 (%)	含水量 (%)	土壤容重 (g/cm)	总孔隙度 (%)	毛管孔隙 (%)	非毛管孔隙 (%)
A 徐丰路广场	10.32	1.23	50.69	44.67	6.02	21.89	1.61	42.49	38.05	4.44
B 新城区政府	7.77	1.46	44.2	39.1	5.1	10.32	1.55	44	40.12	3.88
C 徐丰路广场绿地	10.61	1.48	39.24	36.5	2.73	6.83	1.44	43.47	42.42	4.24

（续）

样地	上层（0~30cm）					下层（30~60cm）				
	含水量（%）	土壤容重（g/cm）	总孔隙度（%）	毛管孔隙（%）	非毛管孔隙（%）	含水量（%）	土壤容重（g/cm）	总孔隙度（%）	毛管孔隙（%）	非毛管孔隙（%）
D 彭祖园	21.83	1.55	43.35	39	4.34	19.67	1.61	40.1	36.35	3.74
E1 和平大道行道树	17.15	1.49	43.13	37.67	5.46	11.06	1.52	53.18	45.45	7.73
E2 和平大道路绿地	14.36	1.8	33.08	30.5	2.58	14.74	1.57	40.63	36.8	3.83
F 军旅小区	15.77	1.36	45.27	37.76	7.51	17.47	1.46	44.99	37.89	7.1
G 云龙山南坡	21.26	1.45	48.42	38.59	9.83	17.26	1.48	47.4	42.05	5.34
H 徐医韩山分院	19.86	1.39	43.41	37.97	5.44	16.16	1.36	45.86	38.75	7.11
I 马陵山	11.69	1.49	42.47	36.13	6.34	15.23	1.45	45.47	39.13	6.34
J 邳州陇海大道	20.78	1.39	44.45	39.81	4.54	11.8	1.47	42.77	35.43	7.34

注：表中数据为 3 个重复样地的平均值。

2. 土壤化学性质

（1）土壤 pH

土壤酸碱性是土壤的重要化学性质，影响土壤微生物的活性、有机质的分解、土壤养分的有效性等，香樟树一般适合酸性至中性的土壤。从表 5-18 可以看出，上层（0~30cm）土壤，除了马陵山和邳州瑞兴陇海大道两块样地土壤属中性和酸性外（pH≤7），其他样地为弱碱性（pH 7.0~7.5）至碱性（pH 7.5~8.5），下层（0~30cm）土壤 pH 与上层类似（表 5-18），土壤酸碱性总体上不是很适合香樟树的生长。

（2）土壤有机质

土壤有机质是土壤固相的部分的重要组成部分，对土壤肥力有重要影响。从表 5-18 可以看出，上层（0~30cm）土壤有机质范围在 7.17~23.80g/kg，根据住房和城乡建设部颁布的《绿化种植土壤》（CJ/T340－2011）标准（绿化种植土壤有机质≥12g/kg），除了云龙山南坡、新城区政府、徐丰路广场绿地有机质低于《绿化种植土壤》（CJ/T340－2011）规定的标准之外，其他样地土壤有机质符合绿化种植土壤要求。下层（30~60cm）土层有机质含量总体上较上层土壤低，根据《绿化种植土壤》（CJ/T340－2011）规定的养分标准，除了徐丰路广场、彭祖园、军旅小区三块样地外，其他样地有机质含量均低于绿化种植土壤基本要求。

（3）土壤全氮、有效磷和速效钾

土壤氮、磷、钾是树木生长三要素，对树木生长有重要影响。除了徐州医学院韩山分院样地上层土壤外，土壤全氮含量相对较低，均低于 1.0g/kg，难以满足香樟对氮素的需求（表 5-18）。根据《绿化种植土壤》（CJ/T340－2011）标准，调查样地土壤速效磷含量偏低，在一定程度上将影响香樟对磷元素的吸收。土壤速效钾含量丰富，能够满足香樟生长对钾元素的需要。土壤氮、磷的不足会阻碍香樟的生长，应加强土壤氮、磷的补充。

表5-18　土壤化学性质

样地	上层(0~30cm)					下层(30~60cm)				
	pH	有机质 (g/kg)	全氮 (g/kg)	有效磷 (g/kg)	速效钾 (g/kg)	pH	有机质 (g/kg)	全氮 (g/kg)	有效磷 (g/kg)	速效钾 (g/kg)
A 徐丰路广场	8.53	13.25	0.37	4.62	172.73	8.32	19.61	0.34	8.77	140.54
B 新城区政府	8.66	10.00	0.54	2.98	101.92	8.64	9.55	0.29	2.81	97.19
C 徐丰路广场绿地	7.46	11.60	0.27	3.00	101.26	7.41	10.63	0.22	3.68	93.81
D 彭祖园	7.45	16.30	0.39	5.91	163.35	7.36	13.71	0.29	4.39	177.09
E1 和平大道行道树	7.50	12.68	0.45	6.22	154.00	7.24	10.34	0.24	2.52	85.36
E2 和平大道路绿地	8.28	13.54	0.52	5.47	125.53	8.30	9.43	0.41	2.52	124.64
F 军旅小区	8.36	14.99	0.71	10.02	147.86	8.24	13.19	0.63	3.99	166.72
G 云龙山南坡	7.22	7.17	0.45	4.26	134.08	7.34	8.23	0.38	2.94	132.12
H 徐医韩山分院	7.24	23.80	1.04	2.39	158.02	7.25	9.20	0.58	1.00	125.16
I 马陵山	6.95	14.31	0.60	7.92	132.12	7.00	11.29	0.56	11.04	137.11
J 邳州陇海大道	6.57	13.44	0.60	7.00	127.10	6.66	6.81	0.45	9.01	123.46

（4）土壤微量元素

土壤中的微量元素包括 Fe、Mn、Zn、Cu、B、Mo、Ni、Co 和 Cl 等，它们在土壤中的含量很低，植物对它们的需要量也很小，但微量元素对植物的健康生长却起着极其重要的作用，由于土壤缺少某种微量元素引起树木生长不良的现象（如缺铁性黄化）也时常发生。从表5-19 可以看出，在 0~30cm 土层中，有效铁含量最低的为和平大道路旁绿地，最高的为邳州瑞兴陇海大道；有效锰含量最低的样地是和平大道路旁绿地，最高的是邳州瑞兴陇海大道；有效锌最高的是马陵山，最低的是徐丰路广场绿地；有效铜含量最低的是军旅小区，最高的是和平大道行道树样地。从表5-19 可以看出，在 30~60cm 土层中，有效铁含量最低的是和平大道路旁绿地，最高的是邳州瑞兴陇海大道；有效锰含量最低的是军旅小区，最高的是徐州医学院韩山分院；有效锌最高的是马陵山，最低的是徐丰路广场绿地；有效铜含量最高的是军旅小区，最低的是马陵山。根据全国土壤微量元素分级指标，徐丰路广场、新城区政府、和平大道路旁绿地、军旅小区有效铁含量处于较低水平，其他样地处于中等偏上水平；有效锰处于中等水平；有效锌处于较高水平，有效铜处于极高水平。总体上土壤有效锰、锌、铜含量中等偏高，土壤不缺乏；徐丰路广场、新城区政府、和平大道路旁绿地、军旅小区等地区土壤有效铁含量较低，对香樟的生长有限制作用。

表 5-19　土壤微量元素有效量

样地	上层(0~30cm)				下层(30~60cm)			
	Fe（mg/kg）	Mn（mg/kg）	Zn（mg/kg）	Cu（mg/kg）	Fe（mg/kg）	Mn（mg/kg）	Zn（mg/kg）	Cu（mg/kg）
A 徐丰路广场	4.081	7.957	1.997	2.074	5.643	8.863	1.281	4.347
B 新城区政府	4.461	7.931	1.504	1.821	7.731	7.285	1.925	1.711
C 徐丰路广场绿地	6.592	6.637	1.148	1.611	5.775	6.345	1.246	1.624
D 彭祖园	6.861	10.614	1.297	2.131	6.532	7.897	1.375	1.741
E1 和平大道行道树	11.991	9.730	2.271	3.062	9.321	8.672	2.816	2.371
E2 和平大道路绿地	3.825	6.171	1.525	2.228	3.861	5.178	2.004	3.601
F 军旅小区	4.124	6.184	1.760	1.076	4.818	4.156	3.210	4.938
G 云龙山南坡	7.605	12.378	1.288	1.845	8.623	12.023	2.097	2.211
H 徐医韩山分院	9.899	12.568	5.213	2.263	6.599	12.737	10.737	1.644
I 马陵山	10.978	11.287	11.416	1.611	12.278	9.677	11.799	1.557
J 邳州陇海大道	14.828	13.629	2.705	2.505	16.149	12.223	2.155	2.701

3. 香樟黄化原因分析

（1）叶片生理指标与香樟黄化的关系

为了更好的分析香樟叶片黄化的原因，将调查样地分为黄化和无黄化两组，并进行单因素方差分析，判断两组叶片干重及营养成分差异。从表 5-20 和表 5-21 可看出，除了有效铁含量及叶绿素含量有差异显著性之外，其他指标差异不显著。主要原因在于叶片呈绿色是因为叶绿素相对含量高而类胡萝卜素含量低，其比值约 3:1。随着黄化程度的加重，叶绿素 a、叶绿素 b、类胡萝卜素各指标均下降，这说明香樟黄化的主要原因应该是叶片内叶绿素含量降低的缘故。黄化样地叶片内有效铁含量较低，导致叶绿素合成受到影响，是造成香樟叶片黄化的重要原因。

表 5-20　香樟叶片干重及营养元素有效量描述统计

成分	样地	均值	标准差	标准误	极小值	极大值
叶片干重（g/片）	黄化	0.2325	0.03948	0.01974	0.20	0.29
	无黄化	0.1914	0.04845	0.01831	0.10	0.23
Ca（g/kg）	黄化	0.1575	0.04173	0.02087	0.12	0.20
	无黄化	0.1801	0.04283	0.01619	0.13	0.26
mg（g/kg）	黄化	0.2533	0.01153	0.00576	0.24	0.27
	无黄化	0.2270	0.02811	0.01062	0.19	0.26
N（g/kg）	黄化	2.6695	0.18020	0.09010	2.46	2.89
	无黄化	2.3949	0.38789	0.14661	1.71	2.94

(续)

成分	样地	均值	标准差	标准误	极小值	极大值
P (g/kg)	黄化	1.0110	0.06263	0.03132	0.94	1.09
	无黄化	0.9681	0.06873	0.02598	0.83	1.04
K (g/kg)	黄化	0.2685	0.00806	0.00403	0.26	0.28
	黄化	0.2669	0.00797	0.00301	0.26	0.28
Fe (mg/kg)	黄化	30.7500	10.02705	5.01352	17.75	40.75
	无黄化	23.6786	10.08683	3.81246	11.50	38.50
Mn (g/kg)	黄化	37.3125	4.26407	2.13203	32.75	42.75
	无黄化	41.8214	1.95104	0.73742	39.25	45.00
Cu (g/kg)	黄化	9.6875	3.19097	1.59549	7.25	14.25
	无黄化	7.4286	1.73634	0.65628	4.75	9.25
Zn (mg/kg)	黄化	38.4375	10.28627	5.14313	28.00	50.75
	无黄化	38.3929	7.06201	2.66919	28.25	49.75
叶片鲜重 (g/片)	黄化	0.5950	0.09950	0.04975	0.47	0.71
	无黄化	0.4814	0.07841	0.02963	0.38	0.60
叶绿素 (mg/g)	黄化	1.7910	0.728512	0.36425	1.07	2.47
	无黄化	2.8945	0.589916	0.22296	2.21	4.10
可溶性糖 (%)	黄化	0.0003	0.00006	0.00003	0.0001	0.0003
	无黄化	0.0003	0.00007	0.00003	0.0001	0.0003

表5-21 黄化与非黄化样地香樟叶片生理指标方差分析

成分	平方和	df	均方	F	显著性
Ca(g/kg)	0.001	1	0.001	0.724	0.417
mg(g/kg)	0.002	1	0.002	3.072	0.114
N(g/kg)	0.192	1	0.192	1.728	0.221
P(g/kg)	0.005	1	0.005	1.049	0.332
K(g/kg)	0.000	1	0.000	0.107	0.751
Fe(g/kg)	51.750	1	51.750	6.019	0.037
Mn(g/kg)	127.286	1	127.286	1.256	0.291
Cu(g/kg)	12.989	1	12.989	2.404	0.155
Zn(g/kg)	0.005	1	0.005	0.000	0.993
叶片鲜重(g/片)	0.033	1	0.033	4.438	0.064
叶绿素含量(mg/g)	3.100	1	3.100	7.581	0.022
可溶性糖含量(%)	0.000	1	0.000	0.001	0.971

（2）土壤物理性质与香樟黄化的关系

将调查样地分为黄化和无黄化两组，采用0～30cm土层土壤物理性质，进行单因素方差分析，判断两类样地土壤理化性质差异性。从表5-22和表5-23可以看出，两类样地土壤物理性质没有出现显著差异，说明调查地区土壤物理性质不是引起香樟黄化的主要因素。

表5-22　黄化与非黄化样地土壤物理性质描述统计

成分	样地	均值	标准差	标准误	极小值	极大值
含水量（%）	黄化	12.0550	3.67359	1.83679	7.77	15.77
	无黄化	17.5971	4.66367	1.76270	10.61	21.83
容重（g/cm³）	黄化	1.4625	0.24391	0.12195	1.23	1.80
	无黄化	1.4629	0.05794	0.02190	1.39	1.55
总孔隙度（%）	黄化	43.3100	7.38808	3.69404	33.08	50.69
	无黄化	43.4957	2.72289	1.02916	39.24	48.42
毛管孔隙（%）	黄化	38.0075	5.83113	2.91557	30.50	44.67
	无黄化	37.9529	1.32069	0.49917	36.13	39.81
非毛管孔隙（%）	黄化	5.3025	2.06889	1.03444	2.58	7.51
	无黄化	5.5257	2.21341	0.83659	2.73	9.83

表5-23　黄化与非黄化样地土壤物理性质方差分析

指标	平方和	df	均方	F	显著性
含水量（%）	11.264	1	11.264	0.549	0.477
土壤容重（g/cm³）	0.013	1	0.013	2.469	0.151
总孔隙度（%）	15.115	1	15.115	1.190	0.304
毛管孔隙（%）	7.574	1	7.574	0.831	0.386
非毛管孔隙（%）	3.453	1	3.453	1.414	0.265

（3）土壤化学性质与香樟黄化的关系

将样地分为黄化和无黄化两组，采用0～30cm土层土壤化学性质，进行单因素方差分析，判断两类样地土壤化学性质的差异性。从表5-24和表5-25可以看出，两类样地之间土壤pH、土壤有效铁含量差异显著，其他测定指标没有显著差异。据此推断，香樟黄化的主要原因是由于土壤pH偏高及有效铁缺乏引起的。原因在于在碱性环境下，土壤中的铁形成难溶性化合物而降低其有效性，树木难以吸收利用。铁在植物体中直接或间接地参与叶绿体蛋白和叶绿素的合成，是铁氧还蛋白和铁硫蛋白的重要组分，也是许多酶的辅基，同时也参与固氮酶的作用，缺铁不但会影响叶片内叶绿素的合成，还会影响光合作用中电子传递、氧化还原和植物对氮的吸收利用等。

表 5-24　黄化与非黄化样地土壤化学性质描述统计

成分	样地	均值	标准差	标准误	极小值	极大值
pH	黄化	8.4575	0.17056	0.08528	8.28	8.66
	无黄化	7.1986	0.33702	0.12738	6.57	7.5
有机质 (g/kg)	黄化	12.945	2.10571	1.05286	10	14.99
	无黄化	14.1857	5.09329	1.92508	7.17	23.8
全氮 (g/kg)	黄化	0.535	0.13916	0.06958	0.37	0.71
	无黄化	0.5429	0.24791	0.0937	0.27	1.04
有效磷 (mg/kg)	黄化	5.7725	3.01436	1.50718	2.98	10.02
	无黄化	5.2429	2.07323	0.78361	2.39	7.92
速效钾 (mg/kg)	黄化	137.01	30.31358	15.15679	101.92	172.73
	无黄化	38.5614	21.66331	8.18796	101.26	163.35
有效 Fe (mg/kg)	黄化	4.1228	0.26129	0.13064	3.83	4.46
	无黄化	9.822	3.03376	1.14666	6.59	14.83
有效 Mn (mg/kg)	黄化	9.0608	1.01996	0.50998	6.17	7.96
	无黄化	10.9776	2.31465	0.87486	6.64	13.63
有效 Zn (mg/kg)	黄化	1.6965	0.23152	0.11576	1.5	2
	无黄化	3.6197	3.71747	1.40507	1.15	11.42
有效 Cu (mg/kg)	黄化	1.7998	0.51084	0.25542	1.08	2.23
	无黄化	2.1469	0.52359	0.1979	1.61	3.06

表 5-25　黄化与非黄化样地土壤物理性质方差分析

指标	平方和	df	均方	F	显著性
pH	4.034	1	4.034	47.230	0.000
有机质(g/kg)	3.918	1	3.918	0.209	0.659
全氮(g/kg)	0.000	1	0.000	0.003	0.955
有效磷(g/kg)	0.714	1	0.714	0.121	0.736
速效钾(g/kg)	6.127	1	6.127	0.010	0.923
有效 Fe(mg/kg)	82.680	1	82.680	13.425	0.005
有效 Mn(mg/kg)	39.051	1	2.051	2.966	0.412
有效 Zn(mg/kg)	9.415	1	9.415	1.020	0.339
有效 Cu(mg/kg)	0.307	1	0.307	1.137	0.314

（4）土壤类型与香樟黄化的关系

从表 5-26 可以看出，出现黄化现象的香樟全部出现在黄泛平原冲积土及黄潮土样地，而褐土、粗骨棕壤土、沂沭河冲积土、棕潮土均没有出现黄化现象。徐丰路广场绿地及和平大道路旁绿地虽然属于黄潮土，但是香樟树木长势良好，原因在于这两块样地在栽植时进行了换土，并且施用了硫酸亚铁，因此没有出现黄化。根据样地香樟长势情况判断，黄泛平原冲积土及黄潮土不太适合香樟树的生长，在栽植时需要进行土壤改良。

表5-26 土壤类型与香樟黄化

样地	土壤类型	香樟长势
A 徐丰路广场	黄泛平原冲积土，黄潮土	黄化，长势不好，叶片中黄色
B 新城区政府	黄泛平原冲积土，黄潮土	长势不好，黄化，叶片黄化从叶缘开始
C 徐丰路广场绿地	黄泛平原冲积土，黄潮土	长势良好，叶片深绿色
D 彭祖园	褐土	长势良好，叶片深绿色
E1 和平大道行道树	黄泛平原冲积土，黄潮土	行道树成片黄化，叶片呈柠檬黄色或中黄色
E2 和平大道路绿地	黄泛平原冲积土，黄潮土	长势不好，叶片黄绿色或中黄色
F 军旅小区	黄泛平原冲积土，黄潮土	长势一般，叶片呈柠檬黄色
G 云龙山南坡	褐土	树木长势一般，无黄化
H 徐医韩山分院	褐土	长势良好，无黄化，叶片深绿色
I 马陵山	紫色土	长势良好，叶片为深绿色或墨绿色、有光泽
J 邳州陇海大道	沂沭河冲积土，棕潮土	树木长势良好，无黄化，叶片深绿色

(三)结论与建议

通过对徐州香樟典型样地树木生长及土壤的调查分析，得出了如下结论：

徐州市土壤类型多样，褐土、棕壤土、沂沭河冲积土、棕潮土一般香樟树生长较为正常，黄泛平原冲积土及黄潮土容易香樟树的黄化，通过加强土壤管理，提高栽植技术，可以改善香樟土壤条件，避免或者减轻香樟的黄化。

除徐丰路广场外，其他样地土壤容重偏大，土壤总孔隙度较低，非毛管孔隙度较小，土壤通气状况较差，在一定程度上影响了香樟的生长。应加强土壤管理，如对绿地进行松土，增施有机肥等，改善香樟土壤条件。

除马陵山和邳州瑞兴陇海大道两块样地外，其他样地土壤 pH 为弱碱性至碱性，不太适合香樟树的生长。根据《绿化种植土壤》(CJ/T340 – 2011)标准，多数样地土壤有机质、全氮及有效磷含量较低，土壤氮、磷的不足会阻碍香樟的生长，应加强土壤氮、磷的补充。

徐州市香樟叶片黄化主要是因为土壤碱性过大，导致了铁元素有效性降低，影响了叶绿素的合成，建议补充铁元素，以便减少香樟黄化现象。主要方法有：①施用香樟黄化专用肥。施用香樟黄化专用肥，新叶萌发前一周施用。可以采用100至200倍液灌施，如有降雨也可穴施。夏秋季必须抗旱，加入3%的磷酸二氢钾和3%的硫酸亚铁。每年施肥3至4次，施用时间为3月下、6月中、8月下、9月下，可连续施用1年。②使用酸性溶液洗根。采取酸性溶液灌根可以快速降低根际土壤碱性，达到改良土壤的目的。该方法要严控酸性溶液浓度，以免灼伤根系，引起叶焦和病树枯死的后果。③根外追肥，补充营养。香樟黄化病发展到中后期，由于根系活力下降，吸收能力弱，仅靠土壤改良和施肥等措施不能补充植株所需营养，叶面喷肥和树干打孔施肥非常必要，7～10天黄叶即可变绿。症状较轻者可一次性好转；症状较重或环境太差的五六个月出现返黄，需继续追肥。④修剪枝条，缓解营养不足、黄化，香樟根系活力下降、萎缩，必须剪掉部分枝条，集中营养供应剩余枝条。病情严重的多剪，叶片多的少剪，叶片少的多剪。修剪最佳时间在香樟休眠期，一般结合冬季修整进行，夏秋季修剪要保留功能叶片。冬剪时如病症严重，可重修剪，保留几大主干枝，等来年萌生新芽。

第六章

徐州市樟树
引种栽培关键技术

根据徐州市气候、土壤条件和樟树的生态学、生物学特性，徐州市樟树引种栽培中，需要重点抓好种源选择、适地适树、工程用苗规格、栽植时间、新栽樟树养护等技术关键。

第一节　樟树种源选择

樟树种内变异大，不同种源的樟树在抗寒性、土壤适应性等方面差异显著。因此，种源选择对樟树引种栽植效果具有决定性的影响，必须遵循气候及生态相似性理论、植物区系理论和邻近地区引种成功经验。

不同地区气候及生态相似性可以采用欧氏（Euclidean）距离相似优先比法计算[111]：

设有 n 个比较区域，每个区域有 m 个参比因子，则有原始数据矩阵：

$$\begin{pmatrix} x_{11} & X_{21} & \cdots\cdots & x_{n1} \\ X_{12} & x_{22} & \cdots\cdots & x_{n2} \\ \cdots\cdots & \cdots\cdots & \cdots\cdots & \cdots\cdots \\ X_{1m} & X_{2m} & \cdots\cdots & x_{nm} \end{pmatrix}$$

首先，对原始数据作归一化处理：

$$x'_{is} = \frac{x_{is} - x_{smin}}{x_{smax} - x_{smin}}$$

式中：

i = 1，2，……，n；s = = 1，2，……，m；x_{smax}、x_{smin}分别为第 s 个比较因子在比较区域集中的最大值和最小值。

然后，计算拟引种区域 x_i 与本区域（x_n）之间的差异：

$$D_{ik} = \sqrt{\frac{1}{m} \sum_{s=1}^{m} (x'_{is} - x'_{ns})}$$

定义相似优先比为：

$$r_{ij} = \frac{D_{jn}}{D_{in} + D_{jn}}$$

求得模糊矩阵 R，取 λ 水平截集即可评选出备选区域相似次序。

经综合分析，徐州市园林绿化工程应用的樟树，宜选用原产于樟树自然分布区北缘苏、皖沿江地区的种源。如需从浙江、江西等南部地区选购，则应选用原产于当地高海拔地区的种源。无论种源来源，在工程应用前，都应在本市或与本市邻近地区的苗圃地通过 2~3 年以上的定植驯化锻炼。

第二节 樟树栽植的适地适树技术

樟树的适生土壤为 pH 值 5.5~6.5 的酸性沙质或轻沙质壤土。从徐州市的土壤条件看，多数原生土壤并不适宜樟树生长。少量分布的褐土类淋溶褐土亚类、潮土类棕潮土亚类、棕壤土类潮棕壤亚类虽然能满足樟树生长对土壤的要求，但也存在着城市土壤质量退化和碱性化问题。因此，在种植樟树时必须针对不同土壤类型，进行土壤改良。特别是在城市道路、广场和黄泛冲积土壤，必须实施"改地适树"措施，以保障樟树正常生长对土壤的要求。

一、樟树的根系分布

樟树属深根树种，根系发达，具有强大的水平根系和垂直根系。天然下种的苗木，侧根发达，主根较细。人工培育的实生苗一般主根粗大，须根较细、少。樟树根的再生能力很强，经久不衰，遇到邻近木的根系常能愈合连生[11]。

樟树根系分布的基本型为横走型（pH-type），根系分布深度型为中根性根系型（具有水平根或斜出根，垂下根短浅，大根、细根及分布频度均集中于上层），根系分布密度型为疏根型[112]。水平根系大部分分布在表土层内。据调查，一株 37 年生的樟树，有 85% 的水平根分布于地表以下 16~40cm 之间；一株 43 年生的樟树，有 90% 的水平根分布于 16~60cm 之间[11]。

樟树的根幅与冠幅的比例，在平地规律性较差，在山坡地的比例为（1.18~2.28）∶1，即根幅大于冠幅 0.18~1.28 倍[11]。

二、黄泛冲积土壤的盐碱运动

徐州城市土壤，除少量山丘区石灰岩风化物发育的褐土外，主要为黄泛冲积母质发育而成的潮土类。黄泛冲积平原的成土母质主要是由黄河及其他支流所挟带的，来自干旱、半干旱地区的黄土性物质，都含有一定数量的可溶性盐。同时，徐州市区年均降水量823.2mm，并主要集中于夏季，其他三季降水量偏少，且蒸发强烈，是典型的暖温带半干旱、半湿润季风区。盐碱土（包括盐化黄潮土、盐碱化黄潮土、碱化黄潮土）的生成，是半湿润季风气候与堆积平原的地学条件下水分运动所表现出的一组自然现象[113]。

（一）土壤水盐运动的基本规律

自然状态下，盐碱土的土壤水分及溶于其中的易溶性盐类的运动主要是以毛管水和重力水的形式进行的。影响土壤毛管水和重力水运动的因素，有土壤自身的质地、剖面构造和透水性能以及潜水（通常称地下水）位、水质和气候因素中的降水、蒸发和温度等。土壤中以毛管水的形式进行的蒸发、积盐过程，一方面要以干燥气候下强烈蒸发为条件，同时还要具备潜水达到一定高度，毛管水强烈上升的前峰达到或接近地面这个前提。同样，重力水下行所造成的脱盐过程，一方面决定于降水量及其实际入渗量，同时，还要求潜水位保持一定深度，使重力水能够顺利下行。所以，气候因素和潜水因素共同影响着土壤水盐运动过程。

黄淮平原在季风气候影响下，盐碱土周年动态的基本特征是季节性的强烈积盐过程和自然脱盐过程的交互更替。

春节为强烈蒸发—积盐阶段。这个过程主要决定于土壤中毛管水的运动状态。毛管水运动一方面受干旱少雨和蒸发强烈的气候条件影响，使土壤上层水分因蒸发蒸腾所造成的势差，引起毛管水不断地向上运动和补充。另外，这种上行的毛管水运动，还在很大程度上决定于受潜水位所制约的毛管水强烈上升的前锋在土壤剖面中所处的位置。

夏季为降雨淋洗—脱盐阶段。这个过程主要决定于土壤中重力水的运动状况。雨季降雨量和降雨强度是重要的影响因素，但更重要的是降水的实际入渗量。增大入渗量除与地表覆盖状况、土壤的透水性等有关外，并要求土壤大孔隙中重力水能够顺利下行，这就要求有良好的排水系统，以保证潜水位不致因雨季初期降水而迅速上升所造成的顶托现象，影响淋溶、脱盐效果。

秋季为蒸发—积盐阶段。这个过程由于雨季刚过，潜水位处于较浅的情况下，在蒸发影响下土壤积盐量可接近甚至超过春季。

冬季相对稳定阶段。冬季气候干燥寒冷，土壤进入冻结期，土壤水分主要以气态形式向上层转移凝冻，土体盐分运动基本停止。

（二）土壤潜水埋深变化与潜水蒸发

据中国农业科学院研究，黄淮平原土壤潜水位动态属于降雨、灌溉—蒸发型。潜水位的上升主要是降雨和灌溉补充引起的。当土壤含水量达到田间最大持水量时，降水量和雨后潜水位上升量是有规律的，一般是1mm降水量潜水位上升20mm，也即土壤的自由孔隙度为0.05。当潜水埋深小于毛管强烈上升高度时，土壤水的蒸发属于大气蒸发力控制阶段，潜水因毛管作用能够不断补给土壤表层因蒸发而损耗的水分，潜水位以上土壤含水量总是保持毛管持水量；当潜水埋深加大，潜水蒸发量将随之减小。据山东禹城地区的研究数据，在轻壤土中，潜水埋深小于2m情况下，潜水埋深每增加1m，潜水蒸发量减少100～200mm；潜水埋深大于2m情况下，潜水埋深每增加1m，潜水蒸发量减少约50mm；其2～2.5m处是曲线上曲率最大处，此处称为潜水蒸发与潜水埋深关系曲线上的拐点。中壤土、轻黏土的毛管水强烈上升高度分别为1.5～2.0m和1.0m左右。当潜水位低于2m时就没有这种现象，说明潜水位低于2m时，表层水分的蒸发损耗得不到潜水的及时补给（地面形成干土层）。这时降雨首先是补充表层土壤水分的损耗，使其达到田间最大持水量，超过这部分的降雨才能补给潜水量引起水位的上升。由于土壤质地决定着土壤毛管水强烈上升高度及水量的通透性能，也决定着潜水蒸发速度及动能特点。一般情况下，潜水埋深在1.0～3.0m范围内，当水位埋深相同时，轻壤土的潜水蒸发率最大，中壤次之，黏土最小。随着潜水埋深的增加，不同土壤质地之间的潜水蒸发率的差距逐渐减少。潜水埋深1.5m时三者之间的比值为16∶2∶1；潜水埋深3.0m时三者之间的比值降为2.5∶1.6∶1（图5-14）。潜水埋深(h)与潜水蒸发强度E(年合计值)的关系呈指数形式，其中，轻壤土为$E = 20821.2e^{-1.22h}$，中壤土为$E = 149.5e^{-0.47h}$，轻黏土为$E = 75.5e^{-0.0527h}$[114]。

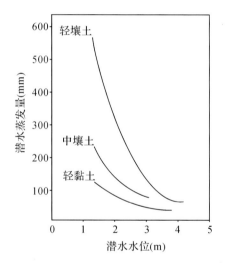

图6-1　不同土壤质地与潜水蒸发的关系[59]

三、樟树栽植中的"改地适树"技术

(一)地形改造

1. 基本要求

对樟树定植点地形改造的主要目的，在于使樟树根系集中分布区与地下潜水间的距离大于土壤毛管水强烈上升高度，以切断或减少潜水中的盐碱离子向根际土壤的运动。将潜水蒸发与潜水埋深关系曲线上的拐点相依的埋深作为毛管水强烈上升高度范围，轻壤土、中壤土、轻黏土的毛管水强烈上升高度分别为2～2.5m、1.5～2.0m和1.0m左右[114]。

2. 改造原则

①整体协调。《园冶》有"约十亩之地，须开池者三，……余七分之地，为垒土者

四……"，说明地形和竖向控制是园林布局的基础。园林中的地形是具有连续性的，园林中的各组成部分是相互联系、相互影响、相互制约的，彼此不可能孤立存在。因此，樟树定植区域地形处理既要保持种植要求，又要与周围环境融为一体，力求达到自然过渡的效果。

②利于排水脱盐。排水是调控土壤水盐动态的关键性措施。园林中常用自然地形的坡度进行排水，但明沟排水一般所能形成的地下水位降深较小，排除下层潜水的能力弱。因此要合理安排分水和汇水线，系统设计明沟排水、暗管排水和竖井排水系统，保证地形具有较好的排水条件，使土壤处于稳定脱盐状态。

3. 工程措施

①堆土。堆土前应明确土壤潜水的常年埋深，以合理确定樟树栽植区域的堆土高度。堆土要求地形起伏适度，坡长适中。一般来说，绿地坡度小于 2% 时易积水；坡度 2%~5%，且同一坡面不太长时，能够满足一般降水的排水要求；坡度 5%~10% 的地形排水良好，且具有起伏感，宜优先使用。

②明沟。地表径流与明沟自然汇、排水系统是园林绿地中使用最广泛的排水措施，投资少，便于管理。排水沟沟深大于临界深度，能够起到降低及控制地下水位的作用。从脱盐范围看，排水沟工作深度 3m 时，一侧影响范围约在 200m；沟深降至 2.5m 时约为 100m[114]。

③暗管。适用于较大规模"片植"樟树、又不适宜设立达到要求深度的明沟的区域的地下水位调控。暗管可用具有透水孔的波纹塑料管，埋设深度一般要求 1.2m 以上，间距 50m 以内，暗管四周包裹燃煤炉渣作为裹滤层，以提高暗管排水作用和防淤能力。

④竖井。适用于小规模"点植"樟树区域的地下水位调控。通过人工抽水降低地下水位，以控制春、秋季土壤返盐，并为自然降水腾空土壤蓄水库容，增加降雨入渗，创造土壤淋洗脱盐条件。竖井以异骨料井型为宜，结构形式为上部 5~6m 实管，其余均为无砂混凝土滤水结构管。

（二）人工换种植土

人工换种植土一般应在栽植樟树之前进行。如果是已种植成活的樟树，应采取分年换土的方法更换种植土。

1. 土壤类型

选用的樟树种植土土壤质地以沙质或轻沙质壤土为宜。根据徐州市的原土条件，应选 pH 一般呈弱酸性至中性，无石灰反应，可以满足樟树生长对土壤 pH 要求的褐土类淋溶褐土亚类（山红土属、山黄土属）以及潮土类棕潮土亚类、棕壤土类潮棕壤亚类土壤作为樟树栽培种植土。

2. 换土范围

考虑施工工程量，种植土的更换可以按定植点逐点进行。

以定植点为圆心，半径 3m 以上，深度 60cm 以上的区域应当更换种植土。

3. 换土方法

首先，起去定植点区域原土至目标深度以下 10~15cm。然后，铺设隔离层，切断土壤毛管功能，控制换土区土壤次生盐碱化的发生。隔离层厚度 10~15cm，可用碎石子

（2~4cm 的二四碴）、粗沙、经沤制的锯末、秸秆等分层铺设。最后，将准备好的种植土填入穴内。注意回填的种植土应稍高于目标高程，使经自然沉降后的地形型和排水坡度基本恰当，无明显的低洼。

（三）化学改良法

对已种植于非适宜土壤中多年的樟树，因其根系已广泛伸入到当地原土之中，已经不能置换适宜的土壤时，要采取化学改良法。包括增施酸性肥料过磷酸钙，降低土壤 pH；每年施入适当的有机质如腐叶土与硫酸亚铁混合肥等，逐步促使土壤的物理化学性质向着有利于樟树生长的方向改变。

有机质以腐叶土最佳。分针叶土和阔叶土。针叶土是腐烂的松树等针叶树的针叶、残枝或锯末沤制而成，pH 值 3.5 ~ 4。阔叶土是各种阔叶树的落叶腐烂而成，pH 值 4.5~5.5。

有机改良的优点是有机物质自身腐烂后所含的多种元素，都是樟树生长所必需的，并使土壤疏松，透气性和透水保水性良好。

硫酸亚铁的使用，最好与有机肥一起发酵、腐熟后再施入，这样可以减少土壤对铁的固定，增强铁供应效能。

（四）生物改良法

生物改良即在樟树定植区域配植一些特殊的吸盐植物，通过植物吸收土壤盐分，并人工收获地上部分的办法，逐步降低土壤 pH 的方法。

生物改良可用的植物有聚盐植物和泌盐植物 2 类。

聚盐植物的渗透压一般在 40 atm（标准大气压）以上，能在高盐土壤中繁茂生长，如碱蓬属（*Suaeda*）、滨藜属（*Atriplex*）植物等。

泌盐植物能通过茎、叶表面的分泌腺，把吸收的盐分排出体外，如柽柳（*Tamarix chinensis*）、胡颓子（*Elaeagnus pungens*）等。

第三节　樟树工程栽植与养护关键

一、苗木规格与栽植时间

（一）苗木规格

樟树的抗寒性与樟树的大小密切相关。徐州城市园林绿化工程应用的樟树，胸径应在 15cm 以上，一般不超过 25cm。

（二）栽培时间

正确确定樟树的栽植时间极为重要。徐州市樟树时间应安排在 4 月上旬至 5 月中旬，樟树春季萌发新芽前为最佳，樟树开始展叶即应停止栽植。栽植时间过晚，新植苗木发出枝条木质化程度低，易受冻害，不能安全越冬。

栽植时应避开中午强阳灼晒，以上午 11：00 之前或下午 15：00 之后最为适宜。

二、新栽樟树冬季防寒

新栽植的樟树，前 3 年应进行冬季防寒保护。防寒保护主要包括根际土壤和树干、主枝保护。

（一）浇灌防冻水和喷施防冻液

冬季来临前，结合土壤墒情，浇足浇透一次越冬防冻水，并对树木进行培土、覆盖，以减少土壤昼夜温差变化，有效保护植物根系。在寒潮来临前对树冠喷施防冻液，应在无雨、风力较小的晴天进行，连续喷施 2~3 次，间隔 5~7 天，喷施均匀。

（二）适度冬季修剪

越冬前，修除枯死枝、萌蘖枝、病虫枝等影响景观的枝条，保持树形美观，促进来年生长，秋季栽植的应剪去秋梢。

（三）树干裹扎、搭设风障

新栽植的樟树，宜采取树干裹扎草绳防寒措施；确需采取搭设风障保护的，应搭设风障。

采取草绳缠干，直接从树干基部缠起，向上密缠至三级分枝点（如栽植截干苗，应包裹至分枝点）。次年三月中上旬，应将树干及其基部缠扎物清理干净。

冬季防寒不宜采取塑料薄膜包缠树干、树枝，以及包裹树冠之类的方法。

（四）根部培土覆盖

入冬前，可在树木基部适当覆土压实或覆盖塑料薄膜等物，增加根部防寒能力，次年开春后再将覆土移去恢复到原高程。

（五）及时清除积雪

降雪时，根据雪情，应及时清理树上积雪，以防积雪压断树枝或压倒树木。

第四节　樟树育苗与大规格樟树培育

一、樟树播种育苗

（一）采种及收藏

1. 采种

采种应选择生长发育良好、树龄 40 年左右的健壮母树。采种时间，在果皮经青转红呈紫黑色，应及时采收，落地时间过久就不能用。但采种过早，发芽率低，处理困难且不易贮藏。

2. 种子处理

采回的浆果应及时处理，避免堆集发热而损伤种胚。处理方法：将种子用清水浸泡到种皮发软，果皮与种子分离时，将种子捞出，搓去种皮。用清水漂洗干净，去除上层漂浮的秕种。将除净果皮和果肉后的种子，拌草木灰脱脂 12~14 小时，再洗净阴干。100kg 浆果约可得纯种子 25~30kg。种子千粒重 120~130g，每千克纯种子 7600~8000 粒。

3. 种子存放

主要是干藏和湿藏两种方式。

干藏法在种子阴干后置于阴凉通风的室内。

湿藏采用混沙湿藏。取纯种子量 5~6 倍的干净河沙，用清水拌湿，待手握成团但不滴水、松开即散时，将种子与河沙拌匀，上面再覆盖 2~3cm 的河沙，最后用 3~4 层旧报纸盖上保湿，放入冷室内。视河沙干湿情况经常往报纸上淋水，保持河沙湿润。

（二）播种

1. 圃地选择

圃地以略具庇荫及避风的环境为好。应选择土层深厚、疏松、肥沃、水源充足、排水良好、微酸性的沙壤土、壤土作圃地，积水地和碱性土不宜选用。整地、土壤消毒、施基肥等与其他阔叶树种基本相同。

2. 整地施肥

在冬初进行深耕冻垡，并结合深耕施足基肥。基肥应用腐熟厩肥，每亩 1500~2000kg。播种前，再次将地整碎耙平，并做高 10~15cm，宽 90~150cm 的畦，畦面劈浅槽。

3. 催芽

不管是干藏还是湿藏的樟树的种子，发芽都极为迟缓，且幼苗出土很不整齐。需要在播种前进行催芽处理，以提高发芽率，促使种子早发芽。

方法一：温水浸种。先用 0.5% 的高锰酸钾溶液浸泡 2 小时消毒杀菌，然后将种子放入 50℃ 的温水中浸种，当温水冷却后再换 50℃ 水重复浸种 3~4 次，切忌水温过高，以防烫伤种子。

方法二：薄膜包催芽。把混有河沙的种子，用塑料薄膜包好，放在太阳下晒，每天翻动 2~3 次，并维持潮湿，直到有种子开始发芽时再播种。

4. 播种

樟树播种冬播、春播均可。北方引种区以春播为好，时间可掌握在 3 月中旬至 4 月中旬。

播种采用条播，条距 20~25cm，每米播种沟放种子 30~40 粒，每亩播种 12kg 左右。

播种前把整好地的圃地浇透水，待水渗下后把催好芽的种子点播于播种沟内，覆土 1.5~2cm，踩实耙平，覆盖草帘。覆土厚度不易过深或过浅，过深影响种子萌发，不利于培育壮苗；过浅容易风干，使种子失水丧失发芽能力。

5. 播后管理

播种后视苗床墒情及时喷水，保持湿润。当有半数种子出苗时，于傍晚或阴天揭除草帘，揭除草帘后继续保持床面湿润。幼苗出土后经常保持土壤湿润，但切忌积水。并经常拔除杂草。幼苗发出 3~5 片真叶时，应进行间苗、定苗。定苗选粗壮的苗，按 7cm 左右株距定苗。

（三）苗期抚育

樟树播种苗为直根系，主根粗而长，侧根细而少。苗期抚育要及时切断主根，促发侧根。整个幼苗期要进行两次以上的移栽。第一次移栽最好在小苗已长出 6~7 片真叶时进行，裸根或带土移栽均可。主要目的是刨出小苗把主根从分生侧根多的地方及时剪断，促进侧根生长。

樟树苗期肥水管理，按照"前促后控"原则进行。根据苗圃地土壤肥力，合理控制施肥特别是氮肥的使用时间和用量。如果肥水控制不当或其他原因造成徒长，因苗木髓心大、木质化程度低而加剧苗木冻害。立秋后必须停施氮肥，增施磷酸二氢钾及有机肥，以促进根系发育、茎叶苗壮、枝干进一步木质化，增强其抗寒能力。立冬前浇足封冻水，地表覆盖15~20cm厚麦秸保温，以利安全越冬。

樟树幼苗抗寒力低，北方引种区必须采取妥善的防寒越冬措施。播种当年（第一个冬季）的立冬之前，将苗床浇透水。取4m长、2~4cm宽的竹片，每两畦为1组搭设拱棚。即把竹片两端插入畦沿弯成拱状，竹片间密度为30~40cm，其上再用一道竹片纵向把竹拱连接固定，形成拱棚，然后用塑料膜覆盖棚上，三面用土埋严，一面敞着。待天气转冷，气温降至零度以下，苗子适应棚内的环境时，再把敞着的一端埋严。如果冬季极端气温偏低，入夜要加盖草苫保温。翌春3月中下旬至4月上旬逐步撤去塑料拱棚。

二、大规格樟树培养技术要点

（一）适时移栽

按照樟树苗生长对空间的需要，适时移栽，加大株行距，增加生长空间，同时促进侧根生长，是培养大规格樟树的重要措施。

樟树苗移栽的最佳时间为每年春季，樟树苗刚要萌芽时（芽颜色变绿、芽尖刚露）。移栽应随起随移。移栽起苗前1天必须给苗床浇灌水，使土壤湿润，防止起苗时苗木根系受到机械损伤。

小苗可采用裸根苗移栽，起苗后应尽快把所有叶片及侧枝剪掉（侧枝大的剪口应蜡封或用塑料薄膜包裹），仅留顶芽和几个侧芽以减少水分蒸发；把过长的根系剪短，根幅为苗高的25%~50%，如有破损、撕裂、断裂的根系必须剪掉；所用剪刀一定要快，剪口要光滑整齐；苗木起好后要迅速给根系"打ABT泥浆"。

大苗移栽时应带土球。土球大小主要由起苗时保留苗木冠幅大小决定，分为三种情况：

①保留原有冠幅，土球直径为苗木胸径的7~9倍。

②仅留2~3个短缩主枝和断梢主干，土球直径为苗木胸径的5~7倍。

③介于前二者中间类型，土球直径大小为苗木胸径的6~8倍。

（二）主干养成

樟树的萌芽力及成枝力均很强，但顶端优势不明显，顶芽优势往往不如周围的侧芽。因此在整个大苗培育过程中要及时打杈、抹芽，培养主干，保持树冠圆整，枝条分布均匀。打杈本着"去强留弱"的原则进行，待主干培养到所需高度，可根据树形减少打杈次数，培养优美树形。

第七章
樟树病虫害防治

第一节　低温危害(冻害)及预防

一、低温对樟树的危害

低温对植物的危害，按低温程度和受害情况，可分为冷害和冻害。零上低温，虽无结冰现象，但能引起喜温植物的生理障碍，使植物受伤甚至死亡，这种现象称为冷害(chilling injury)。而冻害(freezing injury)，通常是指在0℃以下的低温条件下，植物体内发生冰冻而引起的急骤伤害或死亡现象。

(一)樟树的低温冻害

樟树为亚热带常绿阔叶树种，受气候条件年际间的波动特别是异常低温气候的危害，时有冻害发生，其中北方樟树引种区冻害的发生频率要更高一些。

1. 不同种源樟树幼树的冻害

在樟树自然分布区浙江余杭、江西遂川、安徽铜陵、湖北埔沂4地进行的全国53个樟树种源(见表7-1)3年生苗造林试验调查结果表明，樟树幼树在各试验点受冻害的程度与种苗来源地——种源地的纬度、年均温及极端低温均呈极显著的负相关，与当地种源比，高纬度种源抗冻性强，低纬度种源抗冻性差。其中，一批特别偏南的种源在苗期试验中全株冻死而在苗期中淘汰，未参与种源林试验。樟树幼树冻害与种源地因子的相关关系见表7-2[14]。

表 7-1   樟树种源试验各试验点参试种源表[14]

序号	浙江余杭	湖北埔沂	江西遂川	安徽铜陵	序号	浙江余杭	湖北埔沂	江西遂川	安徽铜陵
1	长沙	长沙	长沙	长沙	28	庆元	庆元	庆元	庆元
2	郴州	郴州	郴州	郴州	29	全州	全州	全州	全州
3	淳安	淳安	淳安	淳安	30	仁化		仁化	仁化
4	慈利	慈利	慈利	慈利	31	瑞安		瑞安	
5	道真	道真	道真	道真	32	上杭		上杭	上杭
6	分宜	分宜	分宜	分宜	33	上饶		上饶	上饶
7	富阳	富阳	富阳	富阳	34	邵武		邵武	邵武
8	汨罗	汨罗	汨罗	汨罗	35	双牌		双牌	双牌
9	贵阳	贵阳	贵阳	贵阳	36	遂川	遂川	遂川	遂川
10	红安		红安		37	铜仁		铜仁	铜仁
11	怀化		怀化	怀化	38	武汉	武汉	武汉	武汉
12	黄山	黄山	黄山	黄山	39	湘阴		湘阴	
13	建瓯	建瓯	建瓯	建瓯	40	象山	象山	象山	象山
14	金华		金华	金华	41	新宁	新宁	新宁	新宁
15	井冈山		井冈山	井冈山	42	宜昌	宜昌	宜昌	宜昌
16	溧阳		溧阳	溧阳	43	永嘉	永嘉	永嘉	永嘉
17	连城		连城	连城	44	福州		福州	福州
18	连州		连州	连州	45		湛江	湛江	
19	涟源		涟源	涟源	46	吉安	吉安	元江	吉安
20	龙泉		龙泉	龙泉	47		丛江	苍吾	
21	泸州	泸州	泸州	泸州	48		赣县	海南	
22	南京	南京	南京	南京	49		霞浦	霞浦	
23	南平		南平	南平	50		南丹	南丹	
24	南岳	南岳	南岳	南岳	51		汉中	黄冈	
25	莆田	莆田	莆田	莆田	52			梅县	
26	埔圻	埔圻	埔圻	埔圻	53			新平	
27	浦城	浦城	浦城	浦城	合计	45	34	55[1]	42

1. 注：原文如此，推测可能还有 2 个种源没有列在表中。

表 7-2   樟树幼树冻害与种源地经纬度、气候因子的相关性[14]

试验点	纬度	经度	年雨量	年均温	绝对低温
浙江余杭	−0.5997 **	−0.107	0.377 *	0.319 *	−0.387 **
江西遂川	−0.623 **	−0.236	−0.055	0.6012 **	0.6303 **
安徽铜陵	−0.577 **	−0.115	0.2063	0.317 *	0.4049 **

注：**代表极显著，*代表显著；

2. 北方樟树引种区移植樟树的冻害

2011 年冬季(2011 年 12 月~2012 年 2 月)山东气温偏低,降水和日照时数均偏少,冷空气活动频繁。其中,2011 年 12 月平均气温略偏低,降水量显著偏多,日照时数偏少;2012 年 1 月,平均气温略偏低,降水量显著偏少,日照偏少;2 月平均气温偏低,降水异常偏少[115]。对同期 8 个地市的 8162 株樟树的大规模冻害调查结果如表 7-3 所示,表中的冻害等级分级见表 7-4。从表中可以看出,枣庄地区Ⅱ级比重最高(43.8%),其次为Ⅰ级(25.7%)。临沂地区Ⅲ级最多(35.8%),其次为Ⅱ级(22.2%)。日照的Ⅱ级所占超过半数以上,其次为Ⅳ级(20.7%)。青岛地区相对较好,冻害尚未达到Ⅳ级和Ⅴ级水平,以Ⅲ级最多(56.4%),其次为Ⅱ级(25.9%)。德州冻害均达到Ⅴ级水平,受害程度最严重。济南樟树因均为多年生树,对冻害的抵抗能力较强,以Ⅰ级为主,Ⅰ级、Ⅱ级冻害占到 93.9%,高于其他地区。泰安地区冻害水平主要集中在Ⅲ级和Ⅳ级,分别占 78.1% 和 21.9%。烟台地区调查数量较少,但冻害等级较低,总体表现良好,均未出现Ⅲ级、Ⅳ级和Ⅴ级冻害水平,Ⅰ级冻害水平比重高达 85.7%。从小环境看,居民区的樟树抗寒指数为 72.2,高于空旷地抗寒指数 53.8;在邻近建筑物的东、西、南、北四个方位中,北侧冻害最为明显,南侧和东侧最轻。从树种看,大叶樟的冻害远高于樟树的。从种源看,长江以北的种源的冻害明显比长江以南的轻,长江以北的抗寒指数为 74.9,而种源在长江以南的抗寒指数仅为 52.6。从栽植时间看,多年栽植的樟树明显优于当年新栽植的樟树,基本没有整株全部死亡的现象,有 36.55% 的植株表现为整株完好,是当年新栽的(22.73%)1.61 倍。从新植樟树的大小看,胸径在 10~20cm 的樟树表现完好的比例最高,达到 28%,而胸径小于等于 10cm 和大于等于 20cm 的这一比例分别是 9.82% 和 9.74%。原因可能是太小的树没有发育完全,自身抵抗寒害的机能弱,而太粗太大的树由于苗木过大,缓苗比较慢,引种时表现为抗寒性差[37]。

表 7-3　山东地区 2011.12~2012.4 樟树冻害情况[37]

地区	Ⅰ级		Ⅱ级		Ⅲ级		Ⅳ级		Ⅴ级		总数(棵)
	数量(棵)	比重(%)	数量(棵)	比重(%)	数量(棵)	比重(%)	数量(棵)	比重(%)	数量(棵)	比重(%)	
枣庄	1185	25.7	2020	43.8	904	19.6	106	2.3	397	8.6	4612
临沂	219	12.9	377	22.2	607	35.8	329	19.4	165	9.7	1697
日照	143	12.5	596	52	132	11.5	238	20.7	38	3.3	1147
青岛	92	17.7	135	25.9	294	56.4	0	0	0	0	521
德州	0	0	0	0	0	0	0	0	80	100	80
济南	54	81.8	8	12.1	4	6.1	0	0	0	0	66
泰安	0	0	0	0	25	78.1	7	21.9	0	0	32
烟台	6	85.7	1	14.3	0	0	0	0	0	0	7

表7-4　山东樟树冻害分级标准[37]

冻害等级	形态		
	叶片	枝条	树干
I级	≤1/4 的叶片受冻失绿、干枯宿存或脱落	少数芽或嫩梢枝条受冻干枯	主干形成层和树皮完好
II级	1/4～1/2 的叶片受冻失绿、干枯宿存或脱落	部分嫩枝或当年生枝条受冻干枯	主干形成层和树皮完好
III级	1/2～3/4 的叶片受冻失绿、干枯宿存或脱落	当年生枝条大部分或全部受冻干枯，多年生枝条受冻	主干形成层变色，树皮完好
IV级	>3/4 的叶片受冻失绿、干枯宿存或脱落	大部分多年生枝条受冻干枯	主干形成层褐变，全部枯树皮爆裂
V级	全部叶片受冻失绿、干枯宿存或脱落	枝条全部受冻干枯	主干形成层褐变并材质脱离，树皮爆裂

3. 北方樟树引种区樟树苗抗寒驯化效果

山东科技大学毛春英从 1996 年开始进行的樟树北引育苗驯化试验结果表明，随着樟树播种苗苗龄的增加，其受冻害的程度逐渐减轻，至苗龄 6 年时，已能耐受 −11℃ 的极端低温而不受冻害，苗龄 7 年时，极端低温达到 −15℃，也仅植株上部叶片受冻干枯，树冠内膛叶片稍微受冻，嫩枝芽均未受冻[42]，见表7-5。

表7-5　樟树在山东泰安引种驯化期的越冬表现[42]

时间	1997.1	1998.1	1999.1	2000.1	2001.1	2002.1	2003.1
极端低温/℃	−13	−14	−9	−14	−14	−11	−15
越冬措施	1996 年 3 月播种的搭塑料拱棚	1996 年播种的覆盖 15～20cm 麦秸；1997 年播种的搭塑料拱棚	全部露地直接越冬	全部露地直接越冬	全部露地直接越冬	全部露地直接越冬	全部露地直接越冬
越冬及生长发育情况	安全越冬	1996 年播种的上部枝干全部冻死，地上 15cm 处全部萌发；搭塑料拱棚的安全越冬	部分叶片受冻，芽很好，枝干未受任何冻害	部分植株上部受冻而死；部分植株嫩枝及外皮受冻，芽正常萌发。有 1 株 5 月份开花	部分植株嫩枝及外皮受冻，叶片枯萎脱落，芽正常萌发。有 2 株于 5 月份开花，未结果	叶片未受冻害，颜色翠绿鲜亮。干径2cm 以上植株全部开花，采到成熟种子 98 粒	植株上部叶片受冻干枯，嫩枝芽均未受冻；树冠内堂叶片稍微受冻，对萌发生长无碍
冻害等级[1]	无	一	三	二	三	无	四

1. 注：一级：地上部分全部冻死；二级：嫩枝、外皮受冻，芽正常萌发；三级：叶片受冻，嫩枝、芽不受冻；四级：叶缘受冻，叶脉、叶柄无冻害。

（二）樟树冻害的症状与分级

1. 主要症状特征

（1）叶

叶片（特别是嫩梢上的叶片）是樟树发生冻害时最易观察到的伤害部位。在受到低温侵害时，叶片受冻首先形成冻斑。以后，在持续低温作用下，整个叶片会逐渐干枯死亡。

（2）枝梢

嫩枝及枝梢生长较晚，发育不成熟，组织不充实，容易受冻害而干枯死亡。发育正常的枝条，其耐寒力虽比嫩枝及枝梢强，但当温度过低时也会发生冻害。从外观上看，冻害较轻时枝条外观无大的变化；稍重时会产生冻斑；严重时干枯。

冻害早期　　　　　　　　　　　　　　　　冻害晚期

图7-1　樟树冻害外观症状

2. 樟树冻害的分级评价

樟树冻害的分级评价，除前文候蕊、毛春英提出的分级标准外，还有马娟[116]、姚小华、万养正[117]、黄媛媛[118]等提出的6级分类标准，见表7-6。

同时，为了综合评价樟树群体冻害情况，侯蕊提出了"抗寒指数"、万养正提出了"平均冻害等级"指标：

抗寒指数 =（∑调查数量×抗寒指标分值）/（3×调查数量）。式中，抗寒指标分值按叶、一年生枝条、多年生枝条3项计算，见表7-7。

平均冻害等级 =（∑受害株数×冻害等级植）/调查总数。

表7-6 樟树冻害评定分级

级别	树势影响	姚小华法			万睾正法	黄媛媛法	马娟法
		叶片	1年生枝	主干			
0级(无害)	无危害	正常	无冻伤	无冻害	顶芽无冻害或叶片仅有不明显细小冻斑	只有叶片受冻害	叶片正常,未受冻失绿或脱落
I级(轻微冻)	稍有影响	50%以下的叶片产生褐斑	除个梢头有冻斑外,余均无冻害	无冻害	顶芽受冻,全株有明显的冻害叶片,但不超过全株叶的1/2	一年生枝条长度小于50%	1/4以下的叶片受冻失绿,干枯宿存或脱落
II级(轻冻)	有一定影响	50%~75%以下的叶片产生褐斑,75%以下叶片干枯	嫩梢头冻死,其他正常	无冻害	枝梢冻害达5cm,全株1/2以上叶片有明显冻斑或部分芽受冻损伤	一年生枝条受害长度为50%~100%	1/4~1/2叶片受冻失绿,干枯宿存或脱落
III级(中冻)	伤害较重	75%以上叶片干枯	嫩梢冻枯死或濒死	表皮有片状冻斑,浮起或开裂	枝梢冻害大于5cm到株高1/3之间	不仅一年生枝条受害,老枝也受害	1/2~3/4叶片受冻失绿,干枯宿存或脱落
IV级(重冻)	伤害严重,有死亡可能	全部冻伤枯死	濒死或死亡	表皮多数受冻变褐色,多处条状开裂,腋芽冻死变黑	枝梢冻害在株高1/3到株高1/2之间	地上部全死亡	3/4以上的叶片受冻失绿,干枯宿存或脱落
V级(冻死)	死亡或地上部死亡	全部枯死	全冻死	地上部冻死	枝梢冻害大于株高1/2	全株死亡	全部叶片受冻失绿,干枯宿存或脱落

表7-7　樟树抗寒指标分值表[37]

	叶片			一年生枝条			多年生枝条		
状态	正常	变色	半干	干枯	正常	皮损	干枯	正常	受伤	死亡
分值	100	75	50	25	100	50	25	100	50	0

综合上述研究，参考中国科学院地质物理研究所制定的中国物候观测网中冻害观察分级标准，作者提出成年樟树的冻害等级划分标准：0级，基本无冻害表现；1级，＜30%叶片受冻；2级，30%~60%叶片受冻；3级，＞60%叶片受冻；4级，一年生枝冻死长度达到1/2以上；5级，多年生枝冻死。群体冻害情况采用平均冻害等级进行评价。

二、樟树冻害的危害机制与抗寒机理

(一)危害机制

1. 低温损伤生物膜系统

目前普遍认为，植物受低温伤害时最先受冲击的是其生物膜系统。低温引起膜结构从柔曲的层状液晶态变为僵硬的凝胶相，膜脂的脂肪酸链从无序排列变为有序排列，不均匀收缩使膜上产生龟裂，电解质外渗，细胞内区域化削弱甚至丧失，并引起膜结合酶构象改变，导致植物细胞代谢和功能紊乱，并进而引起叶细胞的衰老、死亡。在低温胁迫下，樟树细胞原生质膜相对透性发生明显变化，与温度呈明显的负相关($r = -0.982$)，且细胞质膜的相对透性呈"S"型曲线变化，其回归方程为$y = 1.0529/(1 + 2.6329e0.072x)$($r = 0.9855$)。与对照相比，在温度为$0 \sim -5$℃的胁迫初期，细胞质膜相对透性仅增加了0.4%，在$-5 \sim -20$℃之间，细胞质膜相对透性随着温度的降低急剧升高，由34.14%上升到67.05%。多重比较表明，-5℃、-10℃、-15℃和-20℃温度处理之间差异显著($P < 0.05$)。而在-25℃时，细胞质膜相对透性为71.8%，仅比-20℃处理增加了4.75%，说明樟树叶片细胞质膜对低温敏感范围应在$-5 \sim -20$℃[119]。樟树叶片在-5℃~-10℃处理下，各组的电解质外渗率稳定增加，但是增幅比较小。-10℃处理下，各组的电解质外渗率比0℃对照水平增加了8.07%~16.64%。当温度达到-15℃时，各组的增幅仍较为平缓。在温度到达-20℃时电解质外渗率才显著增大，比0℃水平提升了32.39%~51.53%。-25℃时，所有样品的电解质外渗率都达到最大值，为55.57%~62.35%，比对照0℃增加了44.48%~61.90%[37]。

2. 低温降低多种酶的活性，使正常细胞的代谢活动失调

植物细胞中存在多种冷敏感酶，它们在冷害的临界温度以下往往会发生结构与功能或数量的变化。打破了植物体内自由基的产生与清除间的动态平衡，导致氧自由基累积，从而引起膜脂的过氧化和膜蛋白的积聚或交联，造成一些细胞结构损伤和细胞内ATP含量的减少，代谢紊乱。

植物体内的叶绿素处于不断的形成和分解中。温度通过影响酶的合成而影响叶绿素的合成。樟树叶片随着胁迫温度的降低，清水处理、氯化钙处理、蔗糖处理的樟树叶片叶绿素总含量逐渐减少，三种处理的变化趋势相似(见图7-2)，叶绿素合成受低温阻碍而下降，光合能力下降，并随胁迫温度的下降而持续下降，以-12℃下降最为明显[120]。

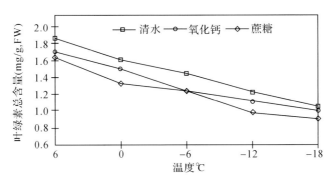

图7-2 低温胁迫对樟树叶绿素含量的影响[120]

CAT(过氧化氢酶)是生物体内主要的抗氧化酶之一。其功能是催化细胞内过氧化氢的分解，从而使细胞免于遭受过氧化氢的毒害。几乎所有的生物体都存在过氧化氢酶。但在低温胁迫下，樟树幼树叶片的CAT活性几乎呈直线下降趋势(见图7-3)，说明樟树幼树随着温度的降低受到了很大的伤害[121]。

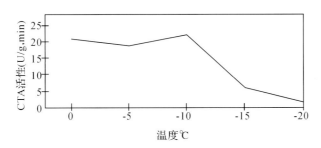

图7-3 低温胁迫下樟树幼树叶片CTA活性变化[121]

3. 低温破坏细胞骨架，冰晶对细胞造成机械伤害和次生干旱

细胞骨架是真核细胞中普遍存在的纤维蛋白网架体系，它在维持细胞的形态结构、细胞运动、能量转换、信息传递、细胞分裂和基因表达等生命活动中都发挥着重要作用。然而，细胞骨架(特别是其中的微管)也是细胞中对低温最敏感的结构之一。低温可直接引起细胞骨架解聚，使细胞质基质结构紊乱，进而导致细胞内酶和细胞器的固着、物质运输等功能的障碍，破坏细胞的代谢系统。

有低温侵害下，植物体内会产生细胞内结冰和细胞间结冰。细胞内结冰伤害的原因主要是机械的损害，冰晶体会破坏生物膜、细胞器和胞质溶胶的结构，使细胞亚显微结构的隔离被破坏，酶活动无序，影响代谢。遭受细胞内结冰的植物往往在冰晶融化后很快表现出冻害症状，随后死亡。细胞间结冰伤害的主要原因是细胞质过度脱水，破坏蛋白质分子和细胞质凝固变性。同时，细胞间隙形成的冰晶体过大时，对细胞质发生机械损害；温度回升，冰晶体迅速融化，细胞壁易恢复原状，而细胞质却来不及吸水膨胀，造成细胞内次生干旱。

无论是胞间结冰或胞内结冰，都与细胞质过度脱水，损伤蛋白质结构有直接关系。因而蛋白质的结构被破坏，必然引起植物组织伤害和死亡。

(二)抗寒机理

对于樟树的抗寒机理，经实验研究证明的主要有以下几个方面：

1. 植株含水量下降、呼吸减弱

随着温度下降，植株吸水较少，含水量逐渐下降[122]。随着抗寒锻炼过程的推进，细胞内亲水性胶体加强，使束缚水含量相对提高，而自由水含量则相对减少。由于束缚水不易结冰和蒸腾，所以，总含水量减少和束缚水量相对增多，有利于植物抗寒性的加强。

表7-8 樟树叶片、枝条含水率(%)动态变化[122]

株号	部位	时间(月/日)							平均
		7/30	8/15	8/30	9/15	9/30	10/15	10/30	
1	叶片	58.1	59.2	57.8	53.9	55.3	53.2	50.4	55.4
	1年生枝	66.1	64.8	64.2	56.4	57.3	56.1	52.8	59.7
	2年生枝	68.4	64.8	67.1	51.2	50.4	49.1	45.8	56.7
2	叶片	58.9	60.0	60.8	52.1	57.2	55.1	51.9	56.6
	1年生枝	65.2	63.9	58.8	57.9	56.4	55.0	52.3	58.5
	2年生枝	57.2	55.3	57.6	55.9	52.8	51.4	48.1	54.0
3	叶片	62.4	66.7	67.4	62.2	60.3	57.9	54.5	61.6
	1年生枝	78.9	76.6	67.2	58.1	56.7	54.9	50.8	63.4
	2年生枝	64.3	61.4	59.9	56.1	50.8	49.9	46.6	55.6
4	叶片	56.3	58.0	61.8	60.4	60.9	56.1	52.9	58.1
	1年生枝	75.1	73.3	57.8	57.4	53.1	52.0	47.1	59.4
	2年生枝	67.4	64.3	58.8	60.4	53.4	52.1	48.2	57.8
5	叶片	55.2	57.3	59.1	56.9	64.8	54.8	50.7	57.0
	1年生枝	76.3	73.7	59.2	56.1	54.9	53.3	51.5	60.7
	2年生枝	68.2	63.9	54.2	56.3	53.2	52.2	50.0	56.9
6	叶片	51.2	54.4	60.2	51.3	51.4	50.2	47.1	52.3
	1年生枝	66.8	64.2	61.4	56.3	58.1	57.0	54.3	59.7
	2年生枝	73.2	69.6	58.4	52.8	53.1	51.8	47.8	58.1

2. 低温胁迫下樟树可溶性糖的变化

作为渗透调节物质之一的可溶性糖是冷害和冻害条件下的细胞内保护物质，其相对含量比较复杂，一方面，植物通过转化、合成而积累可溶性糖类，作为渗透调节物质来增强植物对低温胁迫的抵抗力，另一方面，逆境导致的呼吸作用加强会部分消耗掉可溶性糖。

樟树叶片在低温胁迫的情况下，可溶性糖含量的变化趋势大体都是呈先上升后下降的趋势(见图7-4)，三种处理都在0℃低温处理后增加到最大值。说明在0℃以上低温胁迫中，可溶性糖的积累更多是用于加大细胞原生质浓度和抗脱水，而在极端低温胁迫中，樟树幼苗可溶性糖的减少则更多的是用于呼吸消耗而非加大细胞原生质浓度和抗脱水，或者说，通过糖的代谢，提供能量和产生其他保护性物质，维持细胞的正常功能[120]。

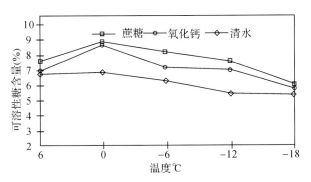

图7-4 低温胁迫对樟树可溶性糖的影响[120]

3. 自然降温过程中樟树可溶性糖、蛋白质和脯氨酸含量的变化

在自然降温过程中，随气温的下降，樟树可溶性糖含量呈增加趋势，而后随春季温度的回升整体呈下降趋势。可溶性蛋白质含量随气温的下降而增加，春季随温度的回升而逐渐减少。其中，降温过程中，与12月17日相比，12月28日的可溶性蛋白质含量增加了22.39%；而2010年1月9日可溶性蛋白质又较2009年12月28日增加了24.29%，与12月份的增幅相比，可溶性蛋白质依然呈增加趋势。片内脯氨酸含量随着温度的降低出现持续的增加，春季随着温度的回升整体呈逐渐降低趋势（见表7-9）[123]。

表7-9 自然降温对3种樟树叶片的可溶性糖质量比的影响[123]

成分	2009－11－03	2009－11－19	2009－12－17	2009－12－28	2010－01－09	2010－01－23
可溶性糖	3.74±0.14a	4.34±0.18ab	4.59±0.51年b	5.44±0.25b	6.35±0.32c	5.25±0.22b
可溶性蛋白	2.53±0.10a	3.35±0.21a	5.18±0.54ab	6.34±0.55b	7.88±.31c	6.19±0.14b
脯氨酸质量比	0.0867±0.0125a	0.1532±0.0125ab	0.1817±0.0371b	0.2143±0.011 2b	0.2604±0.0221c	0.2030±0.0230b

成分	2010－02－03	2010－03－10	2010－03－16	2010－03－27	2010－05－15
可溶性糖	4.70±0.25ab	4.58±0.34ab	4.29±0.44ab	4.08±0.12a	4.83±0.19ab
可溶性蛋白	6.11±0.78b	5.45±0.39ab	4.78±0.52ab	4.26±0.35ab	4.65±0.54ab
脯氨酸质量比	0.1987±0.0178ab	0.1786±0.0325ab	0.1656±0.0356ab	0.1191±0.0387年	0.1437±0.0256ab

注：表中数据为平均值±标准差；同行数据后凡具有相同字母者表示差异不显著（P＞0.05）

4. 保护性酶系统活性增强

①SOD。SOD是植物体内的内源保护酶系统，可有效清除因环境胁迫而累积的生物自由基，因而在保护生物免遭逆境伤害方面具有重要的作用。抗寒性强的植物，其SOD活性较大[124]。在整个降温过程中，樟树SOD活性先升后降，呈单峰曲线变化（图7-5），在－10℃时SOD活性达到最大值950U/g，随着温度继续降低，酶活性急剧下降（图6-5）。经多重比较发现，对照与0℃处理SOD活性差异显著，与－5℃和－10℃处理之间差异极显著（P＜0.01），与－15℃、－20℃和－25℃处理之间无显著差异，表明樟树在降温初期对低温具有一定的防御反应，即引起了SOD活性的增加，由此来减缓伤害的速度和程度；－10℃处理与－15℃、－20℃和－25℃处理之间差异极显著，说明温度低于－10℃时SOD活性急剧下降；在－10℃前后，SOD活性达到最大值，与MDA含量、细胞质膜相对透性

和半致死温度的变化趋势相符[119]。

②POD。POD也是植物体内保护酶的一种。在低温胁迫下，樟树叶片POD活性变化大体呈双峰曲线（图7-5）。从自然温度（CK）到-15℃，随着温度的降低，樟树叶片的POD活性由15.08U/g增加到28.00U/g，对照与-5℃、-10℃和-15℃与之间差异极显著，表明POD活性对于骤冷反应敏感，温度降低时其活性升高，以此来分解消除因低温胁迫而积累的H_2O_2。从-15℃到-25℃，POD活性急剧下降，-15℃与-20℃之间差异极显著，表明过低的温度会破坏细胞酶蛋白，导致POD失活，清除活性氧自由基的能力下降。樟树POD活性的低温临界值是-15℃，与半致死温度相近[119]。

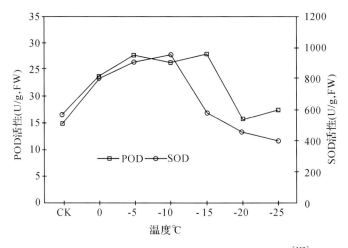

图7-5 低温胁迫下樟树叶片 **SOD** 和 **POD** 的活性[119]

三、冻害的预防

（一）选用和培育抗寒性强的品种

樟树不同种源抗寒性存在显著差异的事实已经被众多引种实践调查与科学实践所证明。因此，北方城市在引种樟树的过程中，首先应当注意种源选择，优先使用沿江（长江）地区的种源，慎用或不用更南部的种源。其次，要按照"逐步北移"的原则，在苗木采购中，采用最邻近本地的苗木，采购苗木的距离不可过远。第三，认真选树（苗）。有研究表明，樟树的耐寒性与其形态特征特别是容易辨别的叶片和枝的形态特征有密切的相关性，叶片主脉和侧脉在叶面上凸起，叶背不明显，可以作为耐寒樟树的特征[32]。第四，建立樟树引种繁育基地，加强樟树引种驯化科研，通过优株选择、建立适合本地气候等环境条件的优良家系。

（二）加强生长期管理，增强树势

樟树生长期管理，应按"促前控后"的原则，加强肥水调控。樟树在徐州及周边地区有2个生长高峰：春梢和夏梢。春梢生长在4月中旬至5月中旬为速生期，占春梢总生长量的95%。夏梢一般在7月下旬开始，7月中旬至8月下旬为速生期。在管理措施的制订上，应努力促进春梢生长，适当控制夏梢生长，促进越冬茎叶苗壮、枝干充分木质化，增强其抗寒能力。

合理使用激素可以有效调节樟树生长发育进程，增强樟树抗寒性能。叶面喷施外源ABA能诱发抗寒基因的表达，合成抗寒特异性蛋白质和mRNA。同一品种在低温锻炼期间，ABA/GA高，抗寒力增加；脱锻炼期间，ABA/GA下降，抗寒力下降。越冬期喷施PP333能使樟树SOD和CAT活性提高，$O_2 \cdot$（超氧阴离子自由基）和MDA含量却显著减少，电解质外渗率也显著降低，抗寒性得到显著提高。在夏梢生长末期或入冬前，用质量浓度为500mg/L的PP333或15mg/L的ABA溶液喷布叶片，前者能使樟树枝叶生长更加充实，后者能使樟树的休眠势增强，从而使得植物对逆境相对不敏感[121,125,126]。采用浓度300mg/L的PP333和6－BA1∶1混合液浇灌可以降低环境条件的变化对樟树幼树生长的影响，有效地增强樟树的抗寒性或适应性[191]。

（三）采取适当的防寒防冻措施

冬季来临前，采取浇灌防冻水和喷施防冻液、适度冬季修剪、新植樟树树干裹扎草绳、根部适当培土覆盖，以及及时清除积雪等综合措施，预防樟树冻害危害。详见第六章第三节中的新栽樟树冬季防寒及附录8.7新植樟树越冬保护。

第二节 樟树黄化病防治

樟树黄化病有侵染性黄化病和生理性黄化病2种。

侵染性黄化病由生物因素引起，能够互相传染。马白菌、谢宝多等人在1989年发现小枝丛生状黄化樟树为类菌质体感染所致。区别于立地条件不适所致生理性黄化病的特点是：病株多单株散生，不连成片，叶片黄白色，纸质，变小易落，小枝丛生，干枯，并多发生在城市建筑垃圾土[127,128]。

生理性黄化病由非生物因素（立地条件不适）引起，无侵染过程，不相互传染。樟树生理性黄化是樟树黄化病的主要表现类型，也是近几十年来国内外专家研究报道的主要对象[129]。本节主要研究和介绍樟树的生理性黄化病的有关研究成果。

一、樟树黄化病的危害

（一）樟树黄化病的发生

樟树生理性黄化病不仅在北方引种区，在其自然分布区城市中也同样普遍发生。

1. 自然分布区城市樟树黄化病的发生

樟树是贵州贵阳市、湖北丹江口市的市树。据贵州省林科院森保所吴跃升等调查，樟树黄化病在贵阳地区各地均有发生，是本地区樟树最严重而普遍的病害种类，以街区行道树受害最突出[130]。湖北丹江口市全市除几条主要道路外，其他道路几乎大部分是樟树。每条道路均有不同程度的黄化现象，治疗樟树黄化病是该市迫在眉睫的事情[131]。武汉市七个中心城区均发生黄化情况，在有些路段尤为严重[132]。

湖南益阳市大通湖区2009年调查了包括城区道路、公园、庭院3种环境的881株樟树，黄化率达51.83%以上，其中城区主干道达61.84%。并且，黄化级数有逐年增高趋势[133]。常德市也同样樟树黄化病严重[134]。

1984年樟树已荣膺杭州"市树"之美名。古樟在杭州市的古树名木中占有重要地位，是杭州历史名城的一道亮丽的风景，西湖胜景，古樟参天，久负盛名，可是黄化病亦有发生[135]。柳浪闻莺、横河公园、城站公园及华家池畔的樟树，失绿黄化的比率一度高达46.3%，轻的使其生长发育受阻，严重的已引起枯梢落叶，乃至全株死亡[136]。

2. 引种区城市樟树黄化病的发生

2003年，上海市绿化局曾对上海市樟树黄化情况进行了普查，由青浦、松江、卢湾、静安、黄浦、浦东、徐汇、闵行、长宁、普陀、杨浦、闸北等12区调查数据显示，调查总株数近16万余株，黄化株2万余株，黄化率达13%。其中市中心区黄化程度明显高于郊区，有的区黄化率高达60%以上。2009年的抽样调查结果为：非行道树中的黄化植株占19.5%，行道树中的黄化植株占36.6%[137]，总体呈进一步上升趋势。

苏州、合肥、芜湖等城市的绿化行道树中黄化指数达到66%左右[138]。

河南省平顶山市在市区和所辖县区广有栽植，总量2万余株，不同地点樟树黄化率从10%~53%不等[139]。

安徽阜阳，据阜阳市颍东区绿化委员会办公室李玉标调查，樟树黄化现象普遍较为严重，占栽植樟树总数的20%以上[140]。

对江苏南通市对7条主干道樟树生长情况的调查结果是，7条主干道共栽植樟树4517株，黄化株数2332株，黄化率52%，其中最严重的工农中路共栽植1355株，黄化937株，黄化率69%[141]。

据徐州市园林绿化部门调查，至2013年底，全市有樟树约4.6万株，黄化病株率13.4%，其中，道路、广场黄化病株率15.5%，公园、街头绿地黄化病株率9.2%，单位、居住区黄化病株率13.7%。

（二）樟树黄化病的症状及分级

1. 樟树黄化病症状与危害

樟树黄化病的症状有一个随时间演变过程，一般3~5月最重，到6~8月叶片稍返青，11月份以后又有转黄现象。樟树黄化发病初期在植株的嫩枝梢端出现黄化现象，起初表现为叶尖和叶片脉间失绿，也就是叶脉和叶脉处的叶肉为绿色，但叶脉间却呈现黄色，黄绿相间现象十分明显。随着黄化程度的加重，慢慢地从嫩梢叶片的脉间失绿逐渐发展到整株树冠的叶片发黄，叶片就会变小变薄，进而发白；最后，叶片的尖端和边缘会呈现焦枯状。发病严重的植株从梢头开始枯死，逐渐向下发展，最后全株叶片焦枯脱落而枯死。

樟树叶片黄化对樟树生长和生理、生化指标的影响显著。当樟树黄化程度仅为"叶淡绿色，梢头叶片黄化"的时候，叶片的长度、宽度和叶片重量就比正常树显著减小；达到"几乎整株叶片黄化"的时候，树高、胸径、冠幅、新梢长度都受到显著抑制，树木的抗逆性明显降低[142]。

2. 樟树黄化病的分级

王稳战[142]，高晓君等[143]、阮晓峰、胡娟娟等[144]采用目测樟树所表现出来的黄化程度作为划分依据，结果如表7-10。刘海星利用叶片叶绿素的相对含量作为樟树黄化程度划分的依据，规定1级为1~0.85，2级为0.85~0.70，3级为0.70~0.55，4级为0.55~0.40，5级为0.40~0.25，6级为0.25~0.1[145]。用叶绿素相对含量指标划分黄化等级，科学性好，但生产中实际运用的难度较大；目测法方法简单，但难以满足精量化的缺素病矫治要求[146]。对此，刘红宇提出测定樟树皮电阻值，研究其与黄化程度的关系[147]的方法，之后，王稳战、陈超燕、胡娟娟等进一步扩展和验证了该方法。电阻值的测定方法是：将万用电表针头分别插入植株组织(1.3m 的胸径处)，两根针头相距 1.5cm 左右，深度为刺破嫩梢皮及叶片即可，待指针摆动稳定后读数，重复 3 次，最后求平均值。研究表明，随着黄化程度的加重，樟树组织的电阻值依次增大。不同黄化等级的樟树新叶及新梢电阻值之间的差异性均达到显著水平($P < 0.05$)，健康樟树的新叶电阻值与其余 4 个等级的差异显著，但后 4 个黄化等级之间的差异不显著；不同黄化等级的樟树皮电阻值之间的差异性均达到极显著水平($P < 0.01$)，结果见表 7-11[144]。研究结果为快速、定量地精确诊断樟树黄化程度提供了新方向。

表 7-10　樟树黄化病的分级体系

等级	王稳战体系	高晓君体系	阮晓峰体系	胡娟娟
I	树木生长健壮，叶深绿色，有光泽	树冠部无黄化叶，植株生长正常	全株叶片深绿或墨绿色、有光泽，树冠完整无缺	树木生长健壮，叶深绿色，有光泽
II	树木生长比较正常，叶淡绿色，仅梢头叶片黄化	轻微黄化，黄化枝不超过 5 根，黄化叶少量，不明显	全株叶片黄绿色或有 1/4 以下为柠檬黄色，树冠完整无缺	树木生长良好，叶浅绿色，无光泽
III	树木生长较差，几乎整株叶片黄化	明显黄化，但黄化叶数占总数的 1/2 以下	全株约 1/2 叶片为中黄色，树冠顶部有少量枯梢	树木生长较差，黄化叶片占 50% 以上
IV	树木生长较差，叶片黄化，20% 以下梢头枯死	明显黄化，但黄化叶数占总数的 1/2 以上，但未达全冠	全株叶片均为中黄色，树冠顶部有较多枯梢或局部丛枝枯死	树木生长很差，叶片全黄，10% 以上枝条枯死
V	树木生长衰弱，叶片全部黄色，21% 以上枝条枯死	全冠黄化，但冠幅大小正常，无枝梢枯死现象	全株叶片均为中黄色至黄白色，树冠残破、多数枝梢干枯或大量丛枝枯死，植株濒于死亡。	树木生长衰退，叶黄白色，10% 以上梢头枯死
VI		全冠严重黄化，并且冠幅变窄，枝梢枯死，枝叶稀疏，濒临枯死		

表 7-11　不同黄化程度樟树电阻值的方差分析[144]

黄化等级		新叶	新梢	胸径高树皮
I		54.00 bA	5.43 bA	3.10 bB
II		77.00 aA	8.33 aA	3.25 bB
III		80.00 aA	8.43 aA	3.45 bB
IV		87.30 aA	8.83 aA	5.60 aA
V		93.00 aA	9.90 aA	6.25 aA
方差分析	F	5.182	5.419	41.158
	Sig	0.016 0	0.013 9	0.000 1

上述樟树黄化病分级方法均以植株个体为对象，不能用于群体发病程度的描述。对于群体的危害程度，作者认为可以将发病率和病害严重度相结合，用病情指数（Disease index）来表示：

$$病情指数 = \sum（各级病株数 \times 该病级值）/调查总株数。$$

显见，群体的病情指数在 0（无危害）到危害最严重级值之间。

（三）樟树黄化病的致病机理

樟树叶片黄化是一种外在的表观症状，其实质是叶片叶绿素（Chl，chloropHyll）减少。Chl 是一类含脂的色素家族，位于类囊体膜，分子含有一个镁原子居于中央的卟啉环"头部"和一个叶绿醇的"尾巴"，能吸收大部分的红光和紫光，但反射绿光，所以 Chl 呈现绿色。高等植物叶绿体中的 Chl 主要有 Chl a 和 Chl b 两种。Chl 在光合作用（photosynthesis）的光吸收中起核心作用。

植物体内的 Chl 处于不断合成—分解代谢的动态平衡状态中。就内在因素而言，参与 Chl 合成、分解代谢调控的因素众多。其合成是一个由许多酶参与的复杂过程，从谷氨酰 – tRNA（Glu – tRNA）开始到 Chl b 的合成结束为止一共包括 16 步，共由 20 多个基因编码的 16 种酶完成[148]。已知，在 Chl 生物合成过程中存在两条分支途径：一条是合成 Heme（亚铁血红素）和光敏色素的铁分支，另一条是形成 Chl 的镁分支。原卟啉IX（Protoporphyrin IX，Proto IX）是两种途径的分支点。亚铁螯合酶和镁螯合酶分别催化这两条分支的第一个特异性反应。镁螯合酶催化 mg^{2+} 加入到 Proto IX 形成 mg – 原卟啉（mg IX – protoporphyrin IX，mg – proto IX），再经一系列反应而形成 Chl；与 Fe^{2+} 螯合形成 Heme，Heme 经一系列反应最终形成光敏色素生色团。Chl 合成速率受细胞内 Heme 含量影响[149,150,151]。

在正常生长发育的植物中，大部分 Chl 存在于叶片的蛋白质复合体中，而以自由形式存在的 Chl 会对细胞造成光氧化损伤。为了避免自由态 Chl 及其有色代谢产物对细胞造成光氧化损伤，植物细胞必须快速降解这些物质。此外，Chl a 水解后形成的 Chilide a 可以通过 Chl b 合成途径合成 Chl b。Chl a 和 Chl b 之间的相互转化称为"叶绿素循环"，在不同生理条件下调控 Chl a/b 比值过程中起重要作用[152]。

铁在植物体中直接或间接地参与叶绿体蛋白和 Chl 的合成，是铁氧还蛋白和铁硫蛋白的重要组分，也是许多酶（如细胞色素氧化酶、POD、CAT 等）的辅基，同时也参与固氮酶的作用，缺铁不但会影响叶片内 Chl 的合成，还会影响光合作用中电子传递、氧化还原反应和植物对氮的吸收利用等。植物缺铁会导致 Chl 合成减少，Chl 含量的高低与活性铁含量之间存在较强的相关性[153,154]。另一方面，樟树黄化严重时多为冬季，可能此时低温促进叶片中 Chl 的分解。随着黄化程度加重，Chl a/Chl b 的比值显著增加[153,155]，说明黄化叶片中 Chl b 的稳定性较 Chl a 更差，Chl b 需要转化成 Chl a 后才能被继续降解[156]，Chl b 能吸收利用较多的短波光[157]，Chl 含量的减少，不利于冬春季节樟树的光合作用，从而不利于树体本身营养物质的积累以及越冬能力的提高，又进一步促进 Chl 的分解。

此外，还有研究指出叶片中的镁元素与硫元素有较好的拟合关系，随硫元素含量的增加而增加。由于叶片中镁元素的含量可以间接地表示叶绿素的含量，所以硫元素的缺乏是樟树发生黄化病的原因之一[137]。

二、樟树黄化病发生的诱导因素

樟树生理性黄化病是因立地环境不适所引起的这一结论已由众多的研究所证实。但立地条件因素众多，各种因素间又相互影响，情况十分复杂，目前并没有完全搞清楚，归纳起来，有以下几点：

(一)土壤有效铁缺乏

我国专家 20 世纪 80 年代对樟树黄化病的发生原因专项研究表明，Fe^{2+} 是植物吸收的形态，Fe^{3+} 必须在输入细胞质之前在根表还原成 Fe^{2+}。如果植物不能获得充足的 Fe^{2+}，那么大多数植物便会表现出缺铁症状。土壤中缺少有效性铁(Fe^{2+})，是造成樟树黄化病的主要原因，而引起土壤缺铁，主要是地势低洼积水，排水不畅，土壤碱性太重，土壤板结，不透气所致。铁在植物体内较难移动，缺铁致使樟树顶端或幼叶、脉间失绿，发展为全叶黄化，造成落叶，根系发育差，生长完全受阻。

影响根际铁的有效性和植物对铁利用率的原因，已经研究明确的主要有：

①土壤 pH 值高。马白菡等研究发现土壤母质的 pH 值在 4.2～6.5 范围内，樟树不发生黄化现象，而 pH 值在 7.2～8.3 时，则发生不同程度的黄化。随着 pH 值的增大，樟树黄化渐趋严重，而且黄化的速度随 pH 值的升高而加快[158]。土壤 pH 值高对根际铁的有效性影响很大，在酸性和还原态条件下，代换态铁显著增加，Fe^{2+} 的浓度显著增加；在中性或碱性且通气良好的条件下，代换态铁的数量很少，主要是形成了铁的氧化物沉淀而难以被根系吸收利用。在 pH >4 时，pH 每增减 1 个单位，Fe^{3+} 的活度将增减 1000 倍，可溶铁在 pH ＝6.5～8.0 时达到最低值。

②土壤和水中 HCO_3^- 浓度高。由于 HCO_3^- 会引起根际土壤 pH 值升高，并有较高的 pH 缓冲性，同时也会提高植物体内的 pH 值，所以，土壤和水中高浓度的 HCO_3^- 不利于根系对铁的吸收和植物体内铁的运转和利用。

③NO_3^- 的施用会造成根际土壤 pH 值上升，降低根际铁的有效性，当与 HCO_3^- 共存时，降低作用更大。

④植物体内磷浓度太高会使铁在体内钝化，不能参与代谢。

(二)其他金属元素、营养元素的影响

于永忠研究表明，重金属 Cu、Mn、Zn 等元素缺乏或中毒都能引起樟树黄化[159]。陈超燕提出，黄化程度与土壤矿质元素中速效 K、B、Cu、Zn 的含量呈正相关，与有机质、有效 Fe、速效 N、速效 P、Mn 等元素含量呈负相关[160]。阮晓峰认为，樟树根际土壤中的 Zn、Mn 元素与樟树的健康状况成正比[137]。张鑫研究指出根际土壤的高 P 是诱导失绿黄化一个重要原因；N、Fe、Zn 的缺乏可能是某些条件下林木植株黄化比较严重(叶片呈白色)的主要原因之一[161]。

(三)水分、温度、光照、大气污染的影响

樟树黄化的报道中，邓建英等研究认为，温度过高、过低的气候条件和黏粒土壤板结缺氧等，可加剧樟树叶片黄化[162]；陈超燕提出，地势低洼或排水不良地段，积水烂根导致黄化[160]；阮晓峰的室外实验表明，樟树抗寒能力较差，低温会导致樟树黄化，对树龄较小的植株影响尤为明显[137]；杨志刚等研究了空气污染程度不同的区域内樟树叶片质膜

的通透性。结果表明，大气污染较轻的区域，樟树叶片质膜的通透性明显低于大气污染较重区域[163]；邓建玲等在樟树黄化病研究中提出，二氧化硫、氯、氟以及汽车尾气及化工厂所产生的大气污染都会造成樟树的黄化[164]。

三、主要防治技术

樟树黄化病的引发原因比较复杂，在治理过程中，应坚持"预防为主，综合防治"的原则，综合运用土壤改良、补施铁肥、加强养护管理等措施。

（一）加强预防，保证"改土适树"技术到位

全国南、北各地城市普遍发生樟树黄化病的现象表明，人们过于乐观地相信"樟树对土壤要求不太严格，除含盐量高于 0.2% 的盐碱土外都能生长"，对城市土壤质量退化认识不足，在栽植时对土壤处理没有给予应有的重视，是一个重要的原因。因此，在城市园林绿化中应用樟树时，首先要对拟种植区的土壤进行全面、深入的调查，准确掌握土壤背景。在此基础上，制订周密的土壤处理措施。土壤处理措施的拟订，要充分考虑樟树将来长期生长的根系分布区要求，切不可仅局限于栽植时的"树穴"范围，特别是在土壤偏碱性的条件下，"改土适树"必须综合运用地形处理、土壤更换、地下水位调控、施用酸性肥料、还原性肥料以及其他化学、生物改良方法。通过"改土适树"实现真正的"适地适树"。

（二）选用耐碱性好的种源

樟树产地（种源）对后代或移植后的生长表现有很大的关系。曾朝晖观察到，在相同的立地条件下，有的樟树黄化，也有的樟树生长良好[133]；冯杰等的研究表明，原来生长在酸性环境中的种源后代，在碱性介质中发生黄化的比例也较高[165]；ISSR 分子标记技术研究表明，黄化樟树与正常樟树两种表现型出现明显的遗传分化，樟树黄化发生具备一定的遗传基础[166]。但是，目前园林绿化中对所用苗木的"种源"问题普遍认识不足，基本听任施工企业按价格规律自由采购，其结果必然是酸性土壤区（樟树自然适生分布区）樟树苗木大量应用至城市园林绿化中，加重了城市樟树黄化病的发生程度。有鉴于此，有必要在引种前充分了解种源地土壤条件，尽量选用中性土壤生产的樟树苗木。

（三）樟树黄化病株的治理

对已经出现黄化症状的樟树病株，采取以下措施进行综合防治：

1. 分区轮换土壤

土壤问题是樟树黄化病发生、发展的关键性因素。樟树根系再生能力强，因此，对于已栽植成活的樟树，只要方法得当，也可以实施"改土适树"。具体方法是：

以树干为圆心，树冠冠幅的 2 倍为半径（对于种植前未经土壤处理的樟树，其根系一般在种植后第 2 年可以生长到原土球外围 50~60cm 以外，如果遇到外围碱性土壤，一般在第 3 年叶片开始表现黄化[167]。因此，最小换土半径应不小于 3m），视树体大小均匀划分为 6~12 个扇形区，每年按对角更换两块扇形区土壤，换土深度不小于 60cm。换土方法与本书第四章第三节相同。通过 3~6 年时间，将樟树生长区域土壤全面更换一遍。

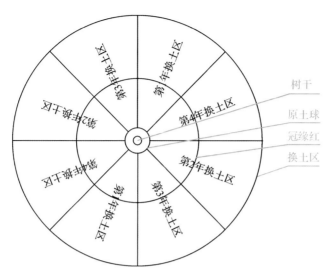

图7-6　樟树分区换土图

2. 施肥改土

以增加土壤有效铁供给和改善土壤理、化学性状为重点，主要增施有机肥、酸性肥和硫酸亚铁等。

表7-12　樟树黄化病株的土壤施肥

立地环境	肥料配方	用量	施用时间	施用方法
绿地	酸性腐熟有机肥 + 硫酸亚铁 + 尿素，5:0.5:0.125	25~50kg/株		树干外围四个方向条状开沟，沟宽20~30cm，深10~15cm，施覆土
	腐殖酸颗粒复合肥 + 硫酸亚铁，1:1	1~2kg/10cm 胸径		
硬质铺装	硫酸亚铁 + 三元复合肥	硫酸亚铁 15g/1cm 胸径，复合肥 20g/1cm 胸径	进入春梢生长高峰期和入冬前半个月	
	腐殖酸 + 硫酸亚铁，1:1	以 15%~25% 硫酸亚铁计，10~15kg/株		根系周围打孔灌注
	1% 螯合铁 + 0.3% 磷酸二氢钾 + 2% 复合肥 + 0.01% 微量元素。	30~50kg/株		

3. 树干注射与叶面喷肥

有试验表明，在不进行土壤处理的情况下，樟树生长期(6 月份)根部施硫酸亚铁和有机肥有助于稳定樟树黄化病的症状，减缓叶片黄化的速度，降低黄化病的危害，但复绿效果不明显。叶面喷施硫酸亚铁能够使黄化叶片复绿，其过程为：叶片上先出现针尖大小的零星绿色斑点，大约10天后绿色斑点逐步增多，20天后开始扩散，整个叶片变为黄绿色，然后叶脉开始变绿，最后整个叶片基本变为黄绿色，绿色斑点也逐步变淡。但喷施过硫酸亚铁的黄化樟树，其新生长出来的幼嫩叶片仍然存在黄化现象，而且第2年4月，继续出现黄化现象，黄化等级还进一步提高。树干高压注射硫酸亚铁溶液复绿效果最好，黄化等级降低近1级，与叶面喷施不同，其复绿首先从叶片的叶脉开始，从叶脉逐步向外扩展，直至整个叶片。第2年4月，仅有约10%的樟树黄化等级出现反复，其余组樟树没有失绿。采用树干强力注射8%硫酸亚铁溶液，并用ABT生根粉灌根处理，治愈率达到99%以上[168]。

表7-13　樟树黄化病株树干高压注射和叶面喷施铁肥

肥料配方	用量	施用时间	施用方法
8%硫酸亚铁溶液	8～10cm胸径：6ml/cm，12～14cm胸径：8ml/cm，16～20cm胸径：10ml/cm，22～30cm胸径：12ml/cm	即将进入春梢生长高峰期前、入冬前	树干高压注射
2%硫酸亚铁+0.2%柠檬酸+3%尿素+0.02%赤霉素	以硫酸亚铁计，同上		
氨基酸铁或柠檬酸铁50倍液	6～10ml/cm胸径		
硫酸亚铁15g+尿素50g+硫酸镁5g+水1000ml	以硫酸亚铁计，同上		
0.2%～0.3%硫酸亚铁，或0.5%硫酸亚铁+0.05%柠檬酸	喷至全部叶面湿润	春梢生长高峰期中、期末、入冬前	叶面喷雾

4. 修剪

对黄化病株的修剪，一是在换土之前，对樟树冠适当重修剪，强度可达1/4～1/3，减少养分消耗，促发新枝。二是剪除过弱的病弱枝，以集中营养供应剩余枝条。病情严重的多剪，叶片多的少剪，叶片少的多剪。修剪一般冬季进行，夏秋季修剪要保留功能叶片。冬剪时如病症严重，可重修剪，保留几大主干枝，等来年萌生新芽。

第三节　侵染性病害防治

一、樟树白粉病

病原：子囊菌白粉菌类。

危害症状及特点：气温高，湿度大，植株茂密时最易发生，主要危害叶、嫩枝等。发病时，嫩叶背面主脉附近出现灰褐色斑点，以后逐渐蔓延至整个叶背。感病严重的植株，嫩枝和主干上有一层白粉覆盖，苗木受害后枯黄卷叶，生长停滞至死亡[169]。

防治方法：

①人工防治：适当疏枝，加强透风透光。

②化学防治：病症明显时，用20%粉锈宁2000倍液喷雾，每7天喷雾1次，连续喷3次。

二、樟树炭疽病

病原：刺盘孢菌。

危害症状及特点：危害叶片、枝干和果实等幼嫩部位，主要特征是枯稍。枝条感病多在嫩梢、幼芽或伤口处，病斑开始时圆形或椭圆形，大小不一，初期紫褐色，渐为黑褐色，病部下陷，以后互相融合，枝条变黑枯死，重病株枝条上病斑向下蔓延，最后整株枯死。叶片、果实上的病斑圆形，融合后成不规则形，黑褐色，嫩叶皱缩变形。后期病部产生小黑点为病菌的分生孢子盘；雨后或湿度大时，病斑可见淡粉红色孢子堆[170]。

防治方法：

①人工防治：适地适树，选择土壤肥沃、湿润的立地条件进行栽植；剪除病枝，集中烧毁，并用波尔多液涂抹伤口。

②生物防治：在晴天喷施1.1%儿茶素可湿性粉剂400~600倍液。

③化学防治：发病初期喷施80%炭疽福美可湿性粉剂600倍液或25%欧瑞优2000倍液防治；发病期可用70%代森锰锌500倍液或75%百菌清可湿性粉剂800倍液防治。

三、樟树溃疡病

病原：囊孢壳菌。

危害症状和特点：该病为全株性传染病，病害主要发生在树干和主枝或枝梢上。感病植株多在皮孔边缘形成分散状、近圆形水渍状或水泡状溃疡斑，初期较小，其后变大呈现为典型水泡状，泡内充满淡褐色液体，水泡破裂，液体流出后变黑褐色，最后病斑干缩下陷，中央有一纵裂小缝。受害严重的植株，树干上病斑密集，并相互连片，病部皮层变褐腐烂，植株逐渐死亡[171,172,173]。

防治方法：

①人工防治：加强苗木检疫，选用健壮无病害的苗木进行栽植；选择排水良好、微酸性土壤进行栽植；苗木在运输和栽植过程中尽量不受损伤。

②化学防治：在樟树溃疡病发病初期削掉黑斑及时涂抹70%代森锰锌等化学药剂；在发病初期用70%代森锰锌500倍液或波尔多液喷洒，可抑制孢子萌发；在子囊孢子释放初期，喷70%甲基托布津可湿性粉剂1000倍液或40%多菌灵可湿性粉剂1000倍液[174]。

四、樟树毛毡病[175,176]

病原：瘿螨。

危害症状和特点：初期叶片背面产生白色不规则状斑块，之后发病部位隆起，斑块上密生毛毡物，灰白色，最后毛毡状物变为暗褐色，斑块主要分布于叶脉附近，有的相互联结覆盖整个叶片，叶片的正面看上去凹凸不平，严重的叶片上发生皱缩卷曲，质地变硬，引起早期落叶影响正常生长。

防治方法：

瘿螨是毛毡病的根源，所以防治毛毡病要点是防治瘿螨。

①人工防治：发现个别叶片有螨虫，及时摘除；及时清除杂草、残枝、落叶，减少越冬虫源。

②化学防治：危害初期喷73%克螨特乳油2000倍液，20%三氯杀螨醇乳油600~800倍液，阿维苏云可湿性粉剂300g1500~2000倍液。

五、樟树赤斑病

病原：半知菌叶茎点霉菌。

危害症状和特点：又称樟树赤枯病，是樟树叶部主要病害之一。发病初期，在叶缘、叶脉处形成近圆形或不规则的橘红色病斑，边缘褐色，中央散生黑色小粒。随着病斑的扩大，叶面病斑连在一起，看上去像"半叶枯"，引起叶片提前大量脱落。

防治方法：

①人工防治：将落叶、修剪下来的枯叶病枝等集中烧毁，消灭越冬病原；合理修剪，加强肥水管理，提高树木抗病能力。

②化学防治：春季在树木展叶期用波尔多液1:1:160进行预防，发病初期用甲基托布津800倍液，多菌灵800倍液，可湿性退菌特1000倍液进行喷雾防治[177]。

第四节　虫害防治

一、樟巢螟(*Orthaga achatina*)

又名樟叶瘤丛螟、樟丛螟，属鳞翅目螟蛾科。

1. 形态特征[178]

①成虫：翅展约28mm，头胸体部呈灰褐色，翅内横线斑纹状，外横线曲折波浪状，内外横线间有淡色圆形斑纹。

②卵：乳白至浅红色，椭圆，略扁平，长约0.8mm。

③幼虫：黑灰至棕黑色，亚背线宽而深，老熟幼虫体长约23mm。

④蛹：棕色，腹末有臀棘8根。茧扁椭圆形，似西瓜籽大小，长约15mm，白色薄丝状，茧上常黏附泥土。

2. 危害特点

发生危害初期，可以看到树木的新梢部，几片叶片被该虫用丝连接在一起，剥开树叶，幼虫有7~8mm大小，呈浅绿色、半透明状。此时的幼虫只啃食叶肉，在受害叶表面形成明显的凹塘，有些部位只剩下透明的叶表皮。随着虫龄的增加，树梢部的枝条和叶片被害虫连成束状，形成一团团的鸟窝状虫巢，此时该虫群集(多达20~30头)在巢内取食叶片，可将嫩叶全部吃光仅剩枝干，并有黑色的虫粪排到巢外掉落在地上[179]。在危害严重年份，植株的树冠、嫩枝基本被该虫全吃光，严重影响景观效果和树木的生长。

3. 防治方法

①人工防治：利用老熟幼虫在浅土层中越冬的习性，可用人工松土方法降低虫口数量；用人工摘虫苞方法，摘下的虫苞集中烧毁，也可有效降低虫口数量。

②生物防治：在 6 月份第 1 代幼虫期喷施 1000～1500 倍 50 000IU/mg 苏云金杆菌，喷施时间应在晴天傍晚或阴天。

③化学防治：在幼虫发生期，用 80% 敌敌畏乳油 1000 倍液，或 0.5% 阿维菌素乳油 1500 倍液喷雾防治，杀虫效果较好。

二、樟叶蜂(*Mesoneura rufonota*)

属膜翅目叶蜂科。

1. 形态特征

①成虫：雌虫比雄虫略大，一般雌虫体长 7～10mm，翅展 18～20mm；雄虫体长 6～8mm，翅展 14～16mm。头黑色，触角丝状，共 9 节，基部二节极短，中胸发达，棕黄色，后缘呈三角形，上有"X"形凹纹。翅膜质透明，脉明晰可见。足浅黄色，腿节(大部分)、后胫和跗节黑褐色。腹部蓝黑色，有光泽。

②卵：长圆形，微弯曲，长 1mm 左右，乳白色，有光泽，产于叶肉内。

③幼虫：老熟幼虫体长 15～18mm，头黑色，体淡绿色，全身多皱纹，胸部及第 1～2 腹节背面密生黑色小点，胸足黑色间有淡绿色斑纹。

④蛹：长 7.5～10mm，淡黄色，复眼黑色，外被长卵圆形黑褐茧。

2. 危害特点[180]

其幼虫危害樟树幼苗的嫩叶，可将幼苗的嫩叶吃光，造成幼苗枝条干枯，严重影响树木正常生长。

3. 防治方法

①人工防治：利用幼虫群集的特性，人工捕捉幼虫；秋冬季人工挖除越冬的茧蛹。

②生物防治：注意保护和利用蜘蛛、捕食性椿象、蚂蚁等天敌。

③化学防治：在幼虫孵出后未结茧前喷洒 Bt 可湿性粉剂 800 倍液或 0.3% 高渗阿维菌素乳油 1500～2000 倍液或 1.2% 苦参烟碱 2000～3000 倍液[181]。

三、茶袋蛾(*Clania minuscula*)

属鳞翅目蓑蛾科。

1. 形态特征

①成虫：雌蛾体长 12～16mm，足退化，无翅，蛆状，体乳白色。头小，褐色。腹部肥大，体壁薄，能看见腹内卵粒。后胸、第 4～7 腹节具浅黄色茸毛。雄蛾体长 11～15mm，翅展 22～30mm，体翅暗褐色。触角呈双栉状。胸部、腹部具鳞毛。前翅翅脉两侧色略深，外缘中前方具近正方形透明斑 2 个。

②卵：长 0.8mm 左右，宽 0.6mm，椭圆形，浅黄色。

③幼虫：体长 16～28mm，体肥大，头黄褐色，两侧有暗褐色斑纹。胸部背板灰黄白色，背侧具褐色纵纹 2 条，胸节背面两侧各具浅褐色斑 1 个。腹部棕黄色，各节背面均具

黑色小突起4个，成"八"字形。

④蛹：雌纺锤形，长14～18mm，深褐色，无翅芽和触角。雄蛹深褐色，长13mm。护囊纺锤形，深褐色，丝质，外缀叶屑或碎皮，稍大后形成纵向排列的小枝梗，长短不一。护囊中的雌老熟幼虫长30mm左右，雄虫25mm。

2. 危害特点

幼虫在袋囊中咬食叶片、嫩枝或剥食枝干、果实皮层，造成局部光秃。喜集中危害。

3. 防治方法

①人工防治：人工摘除虫囊并及时销毁；在栽植时要检查苗木，剔除虫袋，确保树枝无虫；成虫羽化期夜间悬挂黑光灯或频振式杀虫灯诱杀成虫。

②生物防治：注意保护追寄蝇、姬蜂等天敌昆虫；喷洒2%阿维菌素1000～1500倍液或1.2%苦参碱乳油1000～2000倍液（最好在上午10时前或下午4时后喷雾）。

③化学防治：在幼龄期（3龄前）及时进行喷药，常用药剂有2.5%溴氰菊酯乳油1500～2000倍液，喷药时要充分喷湿虫袋；另外，蓑蛾类幼虫对美曲膦酯药剂较敏感，用90%晶体敌百虫1500倍液防治，效果较好。

四、樟蚕(*Eriogyna pyretorum*)

属鳞翅目大蚕蛾科。

1. 形态特征

①成虫：体长32mm左右，翅展100mm左右，体翅灰褐色。前翅基部暗褐色。前后翅上各有1环纹，这是樟蚕主要特征。

②卵：椭圆形，乳白色，2mm。卵块表面覆有黑褐色绒毛。

③幼虫：初孵幼虫黑色，老熟幼虫体长85～100mm。头绿色，体黄绿色。

④蛹：纺锤形，黑褐色，体长27～34mm，外被黑褐色厚茧。

2. 危害特点

幼虫取食叶片，食量大，大发生时可将叶片吃光，影响植株正常生长。该虫以蛹在枝干及树皮缝隙等处的茧内越冬。成虫有趋光性。

3. 防治方法

①人工防治：利用3龄前幼虫的群集性及老熟幼虫一般10～15时在树干树枝上爬行的习性，可人工捕杀；冬季摘蚕茧或人工刮卵。

②生物防治：每年成虫羽化盛期，利用成虫的强趋光性，用杀虫灯诱杀。

③化学防治：在幼虫3龄前喷施10%氯氰菊酯800～1000倍液或50%马拉硫磷乳油800～1000倍液，连续防治2～3次；秋冬季在树干基部（树干1.5m以下）用石灰浆或石硫合剂涂干。

五、樟脊冠网蝽(*Stephanitis macaona*)

又名樟脊网蝽，属半翅目网蝽科。

1. 形态特征

①成虫：体长3.5～3.8mm，宽1.6～1.9mm，体扁平，椭圆形，茶褐色。头小，腹眼

黑色，单眼较大，触角稍长于身体，黄白色。头卵形网膜状，其前端较锐；前胸背板后部平坦，褐色；密被白色蜡粉，侧背板白色网膜状，向上极度延展；中脊亦呈膜状隆起，延伸至三角突末端。三角突白色网状。前翅膜质网状，白色透明有光泽，前缘有许多颗粒状突起，中部稍凹陷，翅中部稍前和近末端各有一个褐色横斑，翅末端钝圆。足淡黄色，跗节浅褐，臭腺孔开口于前胸侧板的前缘角上。胸部腹板中央有一长方形薄片状的突环。雄虫腹末尖削，黑色；雌虫较钝，黑褐色。

②卵：长 0.32～0.36mm，宽 0.17～0.20mm。茄形，初产时乳白色，后期淡黄。

③若虫：一龄体长 0.5mm，宽 0.2mm 左右，椭圆形。初时乳白色，取食后为淡黄，腹背暗绿，各足基节黑色。头圆鼓，腹眼稍突出，红色；触角 4 节。头部前端具长刺 3 枚，呈三角形排列，头顶两侧及前、中胸侧角上各有长刺 1 枚，中胸背板上有短刺 2 枚，腹部背板上有短刺 4 枚，两侧缘各具长刺 6 枚。二龄体长 0.9mm，宽 0.3mm 左右，腹部两侧缘的长刺变为枝刺，三龄体长 1～1.2mm，宽 0.4mm 左右。任稍平扁，黄褐色，腹部墨绿色，触角第 3 节端部膨大，第 4 节略成纺锤形。前翅芽达第二腹节前缘。体上各刺均成枝刺。四龄体长 1.4～1.5mm，宽 0.5～0.6mm，黄褐色；翅芽和腹部墨绿色。触角第 3、4 节端部稍膨大。前胸背板后缘中部稍向后延。延伸部分的中央两侧各具白色短刺 1 枚。翅芽达第 3 腹节中部。五龄体长 1.7～1.8mm，宽 0.9mm，触角第 2 节极短，近圆形，第 3、4 节端部不膨大。前胸背板中央两侧各具长刺一枚。

2. 危害特点

以成虫和若虫群集叶背吸食汁液，被害叶正面呈浅黄白色小点或苍白色斑块，反面为褐色小点或锈色斑块。严重危害时，全株叶片苍白焦枯，对树势生长发育影响很大。叶背出现的污斑，能导致煤污病的发生，造成树势衰弱，提早落叶，影响樟树生长和观赏价值。

3. 防治方法

①人工防治：加强养护，清除落叶、杂草。

②生物防治：保护和利用天敌草蛉、蜘蛛、蚂蚁等。当天敌较多时，尽量不喷药剂，可释放草蛉（草蛉已商品化）控制危害。

③化学防治：若虫盛发期均匀喷施 1% 杀虫素 2000 倍液或 10% 吡虫啉乳油 1000～1500 倍液防治，连续喷施 2～3 次。

六、樟个木虱[182]（*Trioza camphorae*）

属同翅目木虱总科。

1. 形态特征

①成虫：体长为 2mm 左右，翅展 4.5mm 左右，体黄色或橙黄色。触角丝状，复眼大而突出，半球形，黑色。

②卵：纺锤形，乳白色，透明，孵化前为黑褐色。

③若虫：椭圆形，初孵为黄绿色，老熟时为灰黑色。身体周围有白色蜡质分泌物，随着虫体增长，蜡质物越来越多，羽化前蜡质物脱落。

2. 危害特点

该虫寄生于樟树叶片背面，可使危害部位正面失绿、呈紫红色隆起。发生较轻时常零星几头寄生于新萌叶片，此时对景观和植株生长影响不大，但当植株发生率及单叶虫口数量大时，对樟树的生长会造成较大危害，可使樟树叶片畸形、枯焦、生长受阻，影响光合作用，严重影响樟树的正常生长和园林景观效果。

3. 防治方法

注重防治第 1 代若虫，一般在第 1 代若虫低龄期，可用 10% 吡虫啉 2000 倍液喷防治 1 ~ 2 次，效果较好。

七、樟颈蔓盲蝽（*Pachypeltis cinnamomi*）

属半翅目盲蝽科。

1. 形态特征

①成虫：长椭圆形，有明显光泽。雌、雄非常相似，雄虫略小。头黄褐色，头顶中部有一隐约的浅红色横带，前端中央有一黑色大斑。复眼发达，黑色。颈黑褐色。喙淡黄褐色，末端黑褐色，被淡色毛。触角珊瑚色。

②卵：乳白色、光亮、半透明、长茄状、略弯。

③若虫：半透明，光亮，浅绿色，长型。

2. 危害特点

低龄若虫孵化后在就近的树叶上吸汁危害，危害后叶片产生淡红色斑点。以卵在樟树叶柄部的背面越冬，单叶大多数有卵 1 粒，少数有卵 9 粒。该虫虫口密度大时，樟树会出现大量落叶，对樟树的生长造成较大影响[183]。

3. 防治方法

①人工防治：加强肥水管理，提高抗虫力，减少落叶，降低危害；利用黄色的频振式杀虫灯或黄色杀虫板进行诱杀。

②生物防治：保护螳螂、花蝽、瓢虫、草蛉等自然天敌。

③化学防治：重点防治在第一代若虫期、成虫期，用 1.5% 可湿性吡虫啉粉剂 1000 ~ 1500 倍液或 0.5% 的苦参碱水剂 800 ~ 1000 倍液喷雾防治，效果较好。

八、樟树红蜘蛛[184]（*Tetranychus cinnbarinus*）

属蜱螨目叶螨科。

1. 形态特征

①成虫：体长不到 1mm，体型为圆形或长圆形，多半为红色或暗红色，越冬成虫橙红色。

②卵：直径在 0.1 至 0.2mm 之间，球形。

③若虫：体长 0.2mm 以下，近圆形，浅黄色。

2. 危害特点

该虫的若虫和成虫皆能危害樟树，以刺吸式口器刺破叶片吸食汁液进行危害，使叶片出现淡白色斑点，危害严重时，形成黄色斑块，造成树体生长衰弱。红蜘蛛 1 年发生多代，其对叶片的正、背面均可造成危害。春季、秋季的高温干旱时期，为该虫的危害高峰期，但随气温不断上升，危害有所降低。

3. 防治方法

①生物防治：保护和利用瓢虫、草蛉等天敌。

②化学防治：红蜘蛛危害期间，使用30%螨螨灵可湿性粉剂1000~1500倍或1%杀虫素乳油1000~1500倍喷洒。

九、红蜡蚧（*Ceroplastes rubens*）

属同翅目蚧科。

1. 形态特征

成虫：雌成虫体上盖有厚蜡壳，老熟时背面中央隆重起呈半球形，长3.72±0.50mm，高2.40±0.15mm，顶部凹陷成脐状，两侧边缘四角各有1条上狭下宽弯曲的白色蜡带，蜡壳最初为深玫瑰色，随着虫体的老熟，蜡壳变为红褐色。雌虫体紫红色，半球形，长2.5mm，触角6节，等于4、5、6节之和；雄虫蜡壳长椭圆形，暗紫红色，长3mm。宽1.2mm。成虫体长1mm，翅长2.4mm，体暗红色，口器及单眼黑色。触角淡黄色，细长，共10节，顶端有3~4根长毛，翅1对，白色透明。足及交尾器淡黄色。

卵：椭圆形，两端稍长，长0.3mm，宽0.65mm，淡紫红色。

若虫：初孵若虫扁平，椭圆形，长0.4mm，前端略阔，红褐色。腹部末端有2根长毛。第3、5节各有1根长毛。单眼紫褐色。触角6节。二龄若虫广椭圆形，稍凸起。紫红色。周缘有细毛。三龄老熟若虫体长椭圆形。长0.9mm，宽0.6mm。红褐色至紫红色。触角增长，二龄老熟雄若虫体长椭圆形式，长1.5mm，宽0.6mm，紫红色。

蛹：蛹为雄虫所独有。前蛹、头、胸腹明显。触角9节，前蛹蜕皮为蛹。触角、足、翅均紧贴于体上，尾针较长，紫红色，近纺锤形，长约1mm。

2. 危害特点

成虫和若虫密集寄生在植物枝杆上和叶片上，吮吸汁液危害。樟树受到红蜡蚧危害后新梢停止继续抽发，导致树体开始逐渐衰弱，同时该虫还能诱发煤污病，致使植株生长进一步衰退，严重受害会造成全株死亡。

3. 防治方法[185]

①人工防治：结合修剪，及时剪除有虫枝叶，集中进行烧毁，并注意改善通风透光条件。

②生物防治：保护与利用红蜡蚧扁角跳小蜂、寄生蜂等天敌。

③化学防治：在若虫孵化期用25%噻嗪酮可湿性粉剂500倍液或40%杀扑磷乳油1000倍液或40%速扑杀乳油1000倍液喷雾。如需继续防治，需在1周后继续喷雾防治。

十、桑褐刺蛾（*Setora postornata*）

属鳞翅目刺蛾科。

1. 形态特征

①成虫：体长15~18mm，翅展31~39mm，全体土褐色至灰褐色。前翅前缘近2/3出至近肩角和近臀角处，各具1暗褐色弧形横线，两线内侧衬影状带，外横线较垂直，外衬铜斑不清晰，仅在臀角呈梯形。雌蛾体色、斑纹较雄蛾浅。

②卵：扁椭圆形，黄色，半透明。

③幼虫：体长 5mm，黄色，背线天蓝色，各节在背线前后各具 1 对黑点，亚背线各节具 1 对突起，其中后胸及 1、5、8、9 腹节突起最大。

④茧：灰褐色，椭圆形。

2. 危害特点

幼虫孵化后在叶片背面群集取食叶肉，半月后分散危害，取食叶片，仅残留表皮和叶脉。

3. 防治方法[186]

①人工防治：冬季，结合园林养护，清理地下土壤中和树枝上的茧。

②化学防治：低龄幼虫危害时，用 90% 美曲膦酯晶体 1500 倍液或 1.8% 阿维菌素乳油 3000 倍液或 8000 单位的 B.T 可湿性粉剂 500 倍液树叶喷雾。

十一、樟细蛾（*Acrocercoos ordinatlla*）

属鳞翅目细蛾科

1. 形态特征[187]

①成虫：体长 0.3~0.4cm，淡黄色；头顶有粗鳞毛；复眼呈眼罩状；触角很长，是体长的 2 倍；发条状虹吸式口器很发达，旁边还有发达的毛状下唇须；前翅矛形，端部黑色，后翅细长而尖，缘毛很长，翅脉，中室消失；后足很长，胫节端部有一根距，前足短，中足腿有少量锯齿，胫节有根距；腹末端有毛丛似鸟尾。

②幼虫：头部褐色，体较扁平；淡黄色中间带枯黄色，被稀毛；幼虫具 3 对胸足，3 对腹足，3 对腹足着生腹部第 3、4、5 腹节上，幼虫腹足刺钩为双序圆环，幼虫口器上前缘微缺，须缝成"∧"形。

③蛹：纺锤形，被蛹头顶有尖状鸟嘴突起，喙管、触角、后足都明显比体长，且有中间线超过体长；蛹背腹节有许多小黑点。

④卵：很小，白色透明。

2. 危害特点

其幼虫孵化后即蛀入叶肉，开始蛀成细线形弯曲虫道，继而形成一层白膜，幼虫在膜内取食叶肉危害。蛀斑从开始的白色渐变呈褐色，使叶片腐烂或脱落，斑内留有黑色粉粒状虫粪，影响植株的生长和景观效果。

3. 防治方法

①人工防治：加强养护管理促进植物生长提高抗性；清除地面杂草与病株病叶，减少虫口基数；冬季对树干涂白消灭越冬害虫。

②化学防治：幼虫危害初期用 1.8% 阿维菌素乳油 3000 倍液或高效氯氰菊酯 1000~1500 倍液进行喷雾防治。

十二、斑衣蜡蝉（*Lycorma delicatula*）

属同翅目蜡蝉科。

1. 形态特征

①成虫：体长 15~25mm，翅展 40~50mm，全身灰褐色；前翅革质，基部约 2/3 为淡

褐色，翅面具有 20 个左右的黑点；端部约 1/3 为深褐色；后翅膜质，基部鲜红色，具有黑点；端部黑色。体翅表面附有白色蜡粉。头角向上卷起，呈短角突起。

②卵：长圆形，褐色，长约 5mm，排列成块，披有褐色蜡粉。

③若虫：体形似成虫，初孵时白色，后变为黑色，体有许多小白斑，1~3 龄为黑色斑点，四龄体背呈红色，具有黑白相间的斑点。

2. 危害特点

成虫、若虫群集叶背、嫩梢上刺吸危害，栖息时头翘起，有时可见数十头群集在新梢上，排列成一条直线。引起被害植株发生煤污病或嫩梢萎缩、畸形等，严重影响植株的生长和发育。

3. 防治方法

①人工防治：秋冬季节修剪刮除卵块，以消灭虫源。

②生物防治：保护和利用若虫的寄生蜂等天敌。

③化学防治：若虫、成虫期喷施 40% 氧化乐果乳油 1000 倍液，或 50% 辛硫磷乳油 2000 倍液，或 5% 氟氯氰菊酯乳油 5000 倍液。

第八章

樟树栽培新技术应用及展望

第一节　植物激素的应用

一、植物激素

　　植物在整个生长发育过程中，有某些生理活性物质起调节控制作用。这些生理活性物质与蛋白质、糖、维生素等不同，是以极微的量调控着植物的生根、发芽、开花、落花、落叶、结果、成熟、着色、脱落和休眠等。这类在植物生命活动过程中由植物体内代谢产生的具有高度生理活性的微量有机化合物质称为植物激素。通常，人们将早先从植物体内发现的生长素类 IAA（auxin）、赤霉素类 GAs（gibberellins）、细胞分裂素类 CTK（cytokinin）、脱落酸 ABA（abscisin）和乙烯 ETH（ethylene）称为（经典五大类）植物激素，而将近年来在植物体内发现的油菜素内酯、茉莉酸、多胺和水杨酸等对植物生长发育发挥着多方面调节作用的物质称为准植物激素，用人工合成方法生产的类似天然激素的生理活性物质则称为植物生长调节剂。

　　由于各种植物内源激素的合成都需要一定的环境条件，而各种环境条件的变化又不一定与植物的生育需要完全吻合，当环境条件不利于合成某种内源激素，而植物又因缺少这种激素而影响生长发育时，人为地给这种植物补充相应的植物生长调节剂，就可以确保植物恢复正常生长和发育。另外，当环境条件有利于合成某种激素，而植物又因这种激素合成过多而影响正常生育时，人为的给这种植物施给一种拮抗性的植物生长调节剂，便可促使植物迅速转入正常生长发育。这就是对植物进行化学调节的理论依据。

二、植物激素的类型及其作用

植株体内的激素含量虽然微乎其微，一般只占植株体鲜重的千万分之一以下，但它的生理作用极大，所有植物体在其生长发育过程中是受激素调控的。

植物激素按其作用方式，大体上可分为促进和抑制两类型。生长素、赤霉素、细胞分裂素属促进型，脱落酸、乙烯属抑制型。植物生长调节剂中，萘乙酸（NAA）、吲哚丁酸（IBA）、2,4-D、6-苄基腺嘌呤（6-BA）、"902"、"802"等属于促进型，比9（B9，二甲氨基琥珀酸酰胺）、乙烯利（ETH）、氯乙基偏二甲肼、调节磷（氨基甲酰基磷酸乙酯胺盐）、青鲜素（MH，顺丁烯二酸酸阱）、缩节安（调节啶，1,1-二甲基哌啶鎓氯化物）等属抑制型。

生长素对植物生长具有显著促进作用，可增强植物顶端生长优势，促进细胞伸长、增大，刺激形成层活动，促使细胞分裂与分化、再生愈伤组织，诱导新根形成；促进侧枝生长，块根形成，延缓叶片衰老；抑制花朵脱落，提高坐果率，引起果实膨大等。

赤霉素的主要作用是促进细胞的纵向生长，因而在茎的伸长中起重要作用。能促使二年生植物提前开花，打破种子和其他器官的休眠，促进发芽；抑制成熟，侧芽休眠，衰老，块茎形成。

细胞分裂素能促进细胞分裂，诱导细胞扩大，解除植物生长的顶端优势，促进侧芽形成与生长，减少叶绿素的分解，延迟叶片衰老。

脱落酸是延长休眠、抑制发芽的激素，能引起叶片、果柄脱落，是植物体中最重要的生长抑制剂。脱落酸还与植物的抗旱性有关，干旱地区植物的叶中常含有较多的脱落酸，可促使气孔关闭，减少水分蒸腾，提高植物的抗旱能力。

乙烯的作用主要是促进果实成熟，促进叶、花、果脱落，抑制细胞伸长生长，也有诱导花芽分化，促进发芽，抑制开花以及促生不定根等作用。

需要注意的是，有些植物生长调节剂的作用方向并不是绝对的，因其施用浓度不同，对植物生育所起的作用也不同，如2,4-D在低浓度时促进植物生长，高浓度抑制生长，更高浓度可以杀死植物。另一方面，植物生理活动并不是受一种激素控制，而是通过多种激素相互作用的结果。各种植物激素之间存在着十分复杂的相互作用。因此，使用植物生长调节剂必须十分精准地掌握好种类、时机、浓度、剂量4大要素，才能达到预期目的。

表 8-1　植物激素的相互作用

作用类型	作用激素	生理表现
增效作用	生长素和赤霉素	GA 降低 IAA 氧化酶的活性，促进束缚型 IAA 释放出游离型 IAA，提高组织中的 IAA 的含量
	生长素和细胞分裂素	IAA 促进细胞核的分裂，CTK 促进细胞质的分裂；CTK 加强了 IAA 的极性运输；IAA 使 CTK 的作用持续期延长
	脱落酸和乙烯	ABA 促进脱落的效果可因 ETH 而得到增强
	生长素和乙烯	IAA 促进 ETH 前体 ACC 合成酶的活性，促进 ETH 的生物合成，而抑制生长
拮抗作用	生长素和赤霉素	IAA 促进插枝生根，GA 则抑制不定根的形成
	生长素和细胞分裂素	IAA 促进维持顶端优势，而 CTK 减弱顶端优势
	生长素和脱落酸	IAA 推迟器官脱落的效应，会被施用 ABA 所抵消
	脱落酸和赤霉素	GA 促进种子萌发，ABA 促进休眠，抑制萌发
	脱落酸和细胞分裂素	CTK 抑制叶绿素、核酸和蛋白质的降解，抑制叶片衰老；ABA 抑制核糖、蛋白质的合成并提高核酸酶的活性，促进叶片衰老、脱落。CTK 促进气孔开放，ABA 促进气孔关闭
比例调控	生长素和细胞分裂素	IAA 与 CTK 比例高，诱导根的分化；IAA 与 CTK 比例低，诱导芽的分化；IAA 与 CTK 比例适宜，诱导根芽的分化；只有 IAA 则形成愈伤组织
		IAA 与 CTK 比例高，能维持顶端优势；IAA 与 CTK 比例低，减弱顶端优势
	生长素和赤霉素	IAA 与 GA 比例高，促进木质部分化；IAA 与 GA 比例低，促进韧皮部的分化
	赤霉素和细胞分裂素	GA 与 CTK 比例高，促进顶芽分化为雄花；GA 与 CTK 比例低，促进顶芽分化为雌花
	赤霉素和脱落酸	GA 与 ABA 比例高，打破种子休眠，促进萌发，还有利于有利于雄花分化；GA 与 ABA 比例低，诱导种子休眠，抑制萌发，有利于雌花分化
	脱落酸和细胞分裂素	CTK 与 ABA 比例高，促进气孔开放；CTK 与 ABA 比例低，促进气孔关闭

三、植物生长调节剂在樟树移植中的应用

大树移植是北方地区樟树引种栽植的重要技术措施，可以有效降低冻害危害，提高越冬保存率。但大树移植过程中因根系大量切除而使树体的代谢平衡受到破坏，影响了树体对水分和营养物质的吸收，致使整株大树的生长势减弱，反过来又会影响植株安全越冬。科学利用植物生长调节剂，可以有效促进移植大树机能恢复，提高移植成活率和保存率。

不同浓度的吲哚丁酸(IBA)、萘乙酸(NAA)、ABT 生根粉泥浆对胸径 4～6cm 樟树移

植成活率及当年树冠生长影响的研究结果表明，不同处理对樟树成活率的影响是不同的，只有选择适当的方法，才能收到最佳的效果。其中 100mg/kg ABT 处理的成活率最高，达 98.0%，比对照成活率（83.0%）提高 15%；50mg/kg NAA 处理最低，为 86.0%；其他处理在 94.5%~86.0% 之间[188]。

吲哚丁酸(IBA)和 6-苄基腺嘌呤(6-BA)分别为促进根系和地上枝条细胞分裂、诱导愈伤组织发生的生长调节物质，对新移植大樟树根系和地上部恢复生长影响是：① IBA 对樟树根长、根表面积和根体积具有促进作用，对根平均直径有抑制作用。当 IBA 浓度为 2.0mg/L 时，促进增长效果最好，但根平均直径达到最低。②新芽萌发数在 IBA 浓度为 2.0mg/L 达到最大，枝条生长量在 IBA 浓度为 4.0mg/L 时达到最大。叶片的干、鲜重在 IBA 浓度为 2.0、4.0mg/L 时增加效果最好。③6-BA 浓度 为 1.0mg/L 时能显著增加樟树新芽萌发数，提高枝条生长量、叶绿素相对含量以及叶片的干重。然而，6-BA 在一定程度上会降低叶片的鲜重。④IBA 和 6-BA 组合使用对移植大树的树势恢复生长效果显著。其中，IBA 主要促进根系的生长，6-BA 主要调节地上部分的生长，其最佳组合浓度为 IBA2.0mg/L，6-BA1.0mg/L[189]。

此外，ABT 生根粉[190]等对提高大树移植成活率也具有显著的促进作用。

四、植物生长调节剂对低温处理后樟树叶片生理代谢的影响

植物生长调节剂对植物的抗寒性有明显的影响。对 −10℃的低温处理 12h(11 月 1 日)后的樟树苗，移栽浇灌 PP333(多效唑)和 6-BA 混合液，2 种生长调节剂按质量比 1:1 配比，设 500mg/L、400mg/L、300mg/L、200mg/L、100mg/L 和清水对照 6 个处理；各处理液先后浇灌 2 次，每次 50ml，每株一共 100ml。处理 30 天后叶片生长指标和抗性生理指标发生了明显变化，即随着植物生长调节剂质量浓度的变化，樟树叶片内 SOD(Super oxide dismutase，超氧化物歧化酶)、POD(Peroxidase，过氧化物酶)、CAT(Catalase，过氧化氢酶)的活性呈现先升高后降低的变化，而相对电导率、Pro(Proline，游离脯氨酸)和 MDA 含量则出现先下降后升高的变化，且处理的质量浓度达到 300mg/L 时，樟树幼树各项生理指标大多达到最佳水平，即实现了对樟树幼树体内生长代谢物质和酶的调节作用，有效地增强了樟树的抗逆性或适应性[191]。

第二节　樟树施肥效应

樟树施肥效应方面的研究是以幼树(苗)进行的[192,193]。

一、施肥对樟树幼苗光合特性的影响

(一)施肥对樟树幼苗净光合速率的影响

净光合速率反映了植物有机物的积累速度。对樟树幼苗净光合速率影响最大的是氮肥，其次是钾肥，最后是磷肥。不同水平的氮肥对净光合速率的影响有显著的差异性，在 3g/株水平到了最大值 7.44μmol/(m^2·s)，显著高于 0g/株、6g/株水平。净光合速率随着施氮量的升高呈现"先升高后降低"的趋势，可见一定范围内增施氮肥能提高樟树幼苗叶片

净光合速率。磷肥和钾肥不同水平对净光合速率的影响不如氮肥显著，相对较优的水平是 P 6g/株、K 4g/株。

（二）施肥对樟树幼苗细胞间 CO_2 浓度的影响

细胞间 CO_2 浓度能反映植物光合速率。氮肥对胞间 CO_2 浓度的影响显著高于磷肥和钾肥，钾肥的影响最小。不同水平的氮肥对胞间 CO_2 浓度的影响有显著差异，随着施氮量的增加，樟树幼苗叶片胞间 CO_2 浓度上升。磷肥和钾肥在不同水平间差异不显著。

（三）施肥对樟树幼苗蒸腾速率的影响

蒸腾速率是一定单位时间，叶片通过蒸腾作用散失的水量，能反映蒸腾作用的强弱。钾肥对樟树幼苗叶片蒸腾速率的影响达到了显著水平，氮肥和磷肥对樟树幼苗叶片蒸腾速率的影响则未达显著水平。对樟树幼苗叶片蒸腾速率影响较大的是钾肥，且在 2g/株处达到了最小值，其次是磷肥，最后是氮肥。

二、施肥对樟树幼苗叶绿素含量和光响应的影响

叶绿素总量的大小能反映光合作用的强弱。氮磷钾 3 个因素对樟树幼苗叶片叶绿素含量的影响大小顺序为：氮肥＞磷肥＞钾肥。氮肥不同水平间差异显著，磷肥和钾肥不同水平之间差异不显著。樟树幼苗叶片叶绿素含量在 3g/株水平达到了最大值 2.638mg/g，并且其变化随着氮肥施用量的增加呈现"先升高后降低"的趋势，可见在一定范围内增加氮肥施用量能显著提高樟树幼苗叶片叶绿素含量。

氮磷钾肥影响樟树幼苗最大净光合速率的大小顺序是磷肥＞氮肥＞钾肥。氮肥对樟树幼苗表观量子效率的影响达到了显著水平，磷肥和钾肥影响不显著。氮磷钾影响樟树幼苗表观量子效率的大小顺序是氮肥＞磷肥＞钾肥。氮肥能显著改变樟树幼苗叶片光补偿点，随着施氮量的升高呈现"先升高后降低"的趋势。磷肥能显著提高樟树幼苗叶片的光饱和点，氮肥和钾肥影响不显著。氮肥能显著降低樟树幼苗的暗呼吸速率，磷肥和钾肥影响不显著（见表8-2）。

表 8-2　不同氮磷钾水平对樟树光合特性的影响[192]

因素		净光合速率 Pn	胞间 CO_2 Ci	蒸腾速率 Tr	气孔导度 Gs	叶绿素总量 Chl	最大净光合速率 Amax	表观量子效率 α	光补偿点 LCP	光饱和点 LSP	暗呼吸速率 Rd
N	N1	5.48b	378.56b	2.34a	0.090a	1.637b	3.20a	0.045a	49.53b	276.67a	1.68a
	N2	7.44a	384.91b	2.35a	0.027b	2.638a	1.73b	0.032b	149.10a	283.03a	1.39a
	N3	5.03b	392.56b	1.82b	0.090a	1.592b	2.62ab	0.031b	45.57b	272.07s	0.97b
	RN	2.41	14.00	0.53	0.063	1.046	1.47	0.024	103.53	110.97	0.70
P	P1	6.05a	382.93a	1.83b	0.040b	1.824a	1.70b	0.028b	87.73b	208.07a	1.11a
	P2	5.01b	386.11a	2.56a	0.067b	2.069a	2.62ab	0.041a	47.43c	291.48a	1.21a
	P3	6.82a	386.98a	2.23b	0.100a	2.011a	3.23a	0.039a	109.03a	332.23a	1.72a
	RP	0.84	4.05	0.63	0.060	0.245	1.53	0.012	61.60	124.17	0.61

（续）

因素		净光合速率 Pn	胞间 CO₂ Ci	蒸腾速率 Tr	气孔导度 Gs	叶绿素总量 Chl	最大净光合速率 Amax	表观量子效率 α	光补偿点 LCP	光饱和点 LSP	暗呼吸速率 Rd
K	K1	6.13a	386.27a	2.30a	0.037b	2.132a	1.91b	0.030a	121.90a	278.03b	1.46a
	K2	5.01b	383.09a	1.27b	0.107a	1.754a	2.88a	0.037a	57.86b	235.47b	1.28a
	K3	6.82a	386.67a	2.94a	0.063b	2.018a	2.76a	0.041a	64.43b	318.28a	1.30a
	RK	1.82	3.58	1.66	0.070	0.378	0.97	0.011	64.03	82.80	0.18

注：表中 N1、P1、K1 均为 0g/株，N2、P2、K2 分别为 3g/株、3g/株、2g/株，N3、P3、K3 分别为 6g/株、6g/株、4g/株，表中数值均为各水平的均值，R 为极差。

三、施肥对樟树幼苗生长的影响

（一）施肥对生物量的影响

盆栽试验获得的氮、磷、钾三因素与樟树生物量的关系为：

$$Y = 7.459 + 2.474X_1 - 2.308X_2 + 2.245X_3 - 0.136X_1X_2 - 0.717X_1X_3 - 0.348X_2X_2 + 0.219X_1^2 + 0.775X_2^2 - 0.027X_3^2$$

式中：Y 代表生物量（g）；

X_1—N 肥施用量（g）；

X_2—P 肥施用量（g）；

X_3—K 肥施用量（g）

施肥对樟树生物量的影响存在着极显著（$\alpha = 0.01$）的回归关系。其中，X_1（N）、X_2（P）、X_3（K）（氮、磷、钾施肥量）存在着极显著影响；X_1（N）X_2（P）（氮和磷的交互作用）没有显著影响；X_1（N）X_3（K）、X_2（P）X_3（K）（氮和钾、磷和钾的交互作用）有着极显著影响；根据上述所得的施肥量与生物量回归方程，求得的最优生物量可达到 29.739g，与之对应的氮、磷、钾的施肥量分别为 5.0g/盆、5.0g/盆、0g/盆。

（二）施肥对苗高的影响

盆栽试验获得的氮、磷、钾三因素与樟树苗高的关系为：

$$Y = 20.997 + 5.971X_1 + 1.083X_2 + 4.034X_3 + 0.45X_1X_2 + 0.134X_1X_3 + 0.167X_2X_3 - 1.185X_1^2 - 0.229X_2^2 - 0.872X_3^2$$

式中：Y 代表苗高（cm）；

X_1、X_2、X_3 同前。

施肥对樟树苗高的生长影响存在着极显著（$\alpha = 0.01$）的回归关系。其中，X_1（N）、X_2（P）（氮、磷施肥量）存在着极显著影响；而 X_3（K）（钾施肥量）影响不显著；X_1（N）X_2（P）、X_1（N）X_3（K）（氮与磷、氮与钾的相互作用）影响显著；然而 X_2（P）X_3（K）（磷与钾的相互作用）影响不显著；根据上述施肥量与苗高回归方程求得的最优苗高可达到 43.16cm，与之对应的氮、磷、钾的施肥量分别为：3.64g/盆、5.00g/盆、3.07g/盆。

（三）施肥对地径的影响

盆栽试验获得的氮、磷、钾三因素与樟树地径的关系为：

$$Y = 4.283 + 0.695X_1 + 0.495X_2 + 0.182X_3 - 0.003X_1X_2 + 0.019X_1X_3 - 0.035X_2X_3 - 0.120X_1^2 - 0.065X_2^2 - 0.025X_3^2$$

式中：Y 代表地径(mm)；

X_1、X_2、X_3 同前。

施肥对樟树地径的生长影响存在着极显著($\alpha = 0.01$)的回归关系。其中，X_1(N)、X_2(P)、X_3(K)(氮、磷、钾施肥量)有着极显著影响；X_1(N)X_2(P)、X_1(N)X_3(K)、X_2(P)X_3(K)(氮与磷、氮与钾以及磷和钾的相互作用)影响不显著；由此施肥量与地径回归方程求得的最优地径可达到 6.34mm，与之对应的氮、磷、钾的施肥量分别为 3.01g/盆、3.01g/盆、2.7g/盆。

四、樟树 NPK 养分的 DRIS 营养分析

(一)植物营养 DRIS 分析法概述

林木营养诊断方法目前应用较多的有土壤分析法、症状法、临界值法、DRIS 综合诊断施肥法、向量图解法等。在这些方法中，症状法、临界值法、土壤分析法呈现出传统性与直观性，但其结果常有一定的片面性。DRIS 法(综合诊断分析法，diagnosis and recommendation integrated system)是 Beaufils(1973)针对植物营养临界值诊断方法的不足，从营养平衡角度出发，全面地评价树体的各养分及其比例，以及确定这种比例的合理范围，避免由仅凭某一(或几个)元素含量的高低作出丰缺判断的一种片面性的植物营养诊断方法[194,195]。较传统的分析方法有以下突出优点：①可对多种元素同时进行诊断。②诊断标准的制定应用了数理统计分析，提高了诊断的可靠性。③从养分平衡的角度进行诊断，结果更符合植物营养的实际。④诊断结果不受品种和年龄的影响。⑤能够反映出植物对各种营养元素的相对顺序。正因为 DRIS 可以计算出叶片中各养分的指数，判断养分的丰缺状况、最大限制养分以及需要补充养分的次序，还能诊断出潜在的养分缺乏以及叶片养分总的平衡状况，因此，DRIS 在建立后就被广泛地应用在农林领域，为正确指导农林生产起到非常重要的作用。

(二)樟树 NPK 养分的 DRIS 营养分析

1. DRIS 营养诊断图解法诊断分析

DRIS 图解法的诊断图是由两个同心圆和 3 个通过圆心的坐标所组成，根据樟树的生物量分为高产、低产组，计算高产组与低产组的方差比；分别以方差比大的高产组 3 个研究参数的平均值作为圆心，内圆及外圆的直径为标准差(S)的 4/3 倍，8/3 倍。经 Beafuils 长期的研究认为，内圆视为养分平衡区，用平行箭号"→"表示，内圆与外圆之间表示养分轻度缺乏或轻度过量，处于轻度不平衡的状态，用"↘"或"↗"表示；而外圆外部表示养分重度缺乏或重度过量，处于重度不平衡的状态，用"↓""↑"表示。根据以上方法和本节三中的试验数据制作的樟树苗施肥 DRIS 诊断图 8-1。

从图 5-14 可以看出，P/N 值在 0.1414 ~ 0.0948 之间，P 与 N 处于养分平衡状态；在 0.1414 ~ 0.1648 之间 P 偏高、N 偏低；超过 0.1648 则说明 P 过剩，N 缺乏，超过的越多不平衡的情况越严重；在 0.0948 ~ 0.0714 之间 N 偏高、P 偏低；小于 0.0714 表明 N 过剩，P 缺乏，越小说明不平衡情况越严重。K/N 的值在 0.1744 ~ 0.1530 之间，K 与 N 元素处于

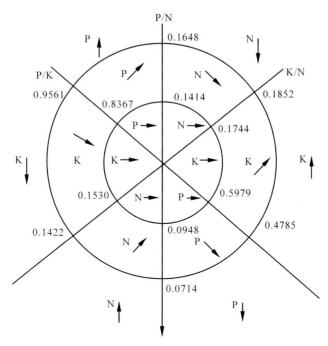

图 8-1　樟树施肥试验 DRIS 营养诊断[193]

平衡状态；在 0.1744～0.1852 之间，K 偏高、N 偏低；超过 0.1852 说明 K 过剩 N 缺乏；在 0.1530～0.1422 之间，K 偏低、N 偏高；小于 0.1422 表明 K 不足而 N 过剩，越小说明情况越严重。P/K 的值在 0.8367～0.5979 之间 P 与 K 处于养分平衡状态；在 0.8367～0.9561 之间 P 偏高，K 偏低；超过 0.9561 则说明 K 不足，P 过剩，超过越多说明平衡情况越严重；在 0.5979～0.4785 之间 K 偏高，P 偏低；小于 0.4785 表明 P 不足而 K 过剩，越小不平衡情况就越严重。

2. DRIS 营养诊断指数法诊断分析

DRIS 指数法可以对多种元素同时进行诊断，是通过具体数字即 DRIS 指数来反映平衡情况。DRIS 指数是指植物某一营养元素的需要程度，当指数等于 0 或者接近 0 时，表示该元素处于平衡的状态中，当小于 0 即负指数表示植物需要该元素，负指数的绝对值越大表示植物需要该元素的程度越大；相反，大于 0 即是正指数，当其越大表示植物对这一营养元素需要程度越小，或不需要，甚至过剩。需要特别指出的是 DRIS 指数等于 0 时，只是表示相对平衡，当人为的施肥行为破坏元素间的相对平衡时，此 DRIS 指数就会向正或负的方向发生变动。被诊断的所有元素的指数的代数和应为零。

DRIS 指数的计算方法是：

设 X/Y 表示两元素的实测值，x/y 表示两元素的最适值，则 X/Y 偏离 x/y 程度的函数为 $f(X/Y)$

当 $X/Y > x/y$ 时，$f(X/Y) = \left[\dfrac{X/Y}{x/y} - 1\right]\dfrac{1000}{C.V}$

当 $X/Y < x/y$ 时，$f(X/Y) = \left[1 - \dfrac{x/y}{X/Y}\right]\dfrac{1000}{C.V}$

式中，C. V 为低产与高产群体元素比值的变异系数；高产组各诊断参数的平均值和变异系数常作为 DRIS 法的最适值 x/y。

当 $f(X/Y) > 0$，说明 X 相对过量而 Y 相对不足；

当 $f(X/Y) < 0$，说明 X 相对不足而 Y 相对过量。

如果有更多的元素 Z…… 时，x 的平衡状况则需以 X 分别与这些元素比值偏离相应最适值的偏离程度的平均值表示，即

$$X \text{ 指数} = \frac{f(X/Z_1) + f(X/Z_2) + f(X/Z_3) + \cdots\cdots f(X/Z_n)}{n}$$

式中 n 为除了 X 元素其他需要考虑与之平衡的元素个数。

根据 X 指数方程则有：

$$N \text{ 指数} = -\frac{f(P/N) + f(K/N)}{2}$$

$$P \text{ 指数} = \frac{f(P/K) + f(P/N)}{2}$$

$$K \text{ 指数} = \frac{f(K/N) - f(P/K)}{2}$$

根据以上方法和本节(三)的试验数据，得出计算结果如表 8-3。从各个处理的指数值可以明确地看出各元素的盈缺状况及盈缺大小。其中处理 15～20 各个指数的平均值均比较接近 0，说明氮磷钾养分比较平衡。处理 20 的 N 指数最高(0.918266)、处理 11 的 P 指数最高(7.156034)、处理 3 的 K 指数最高(1.711719)，表明樟树体内对应元素含量过量，应减少对应肥料的施肥量；此外处理 1 的 N 指数最低(-2.67596)，处理 3 的 P 指数最低(-0.93231)，处理 11 的 K 指数最低(-4.37718)，表明樟树体内对应元素需求量较大，应适当增加对应肥料的施肥量；从指数法的需肥顺序可以看出樟树对氮肥的需求量最大，其次是磷、钾。计算结果与图解法基本一致。

表 8-3　樟树 DIRS 指数法诊断需肥分析[193]

处理号	f(P/K)	f(P/N)	f(K/N)	N 指数	P 指数	K 指数	需求顺序
1	0.385121	1.644556	3.707363	-2.67596	1.014839	1.661121	N > P > K
2	-0.41388	-0.04429	1.082273	-0.51899	-0.22909	0.748077	N > P > K
3	-1.26929	-0.59532	2.154149	-0.77941	-0.93231	1.711719	P > N > K
4	-0.77731	-0.76076	-0.34709	0.553925	-0.76903	0.215105	P > K > N
5	0.261067	0.74863	1.559721	-1.15418	0.504849	0.649327	N > P > K
6	-0.10557	0.210342	0.986045	-0.59824	0.052433	0.545806	N > P > K
7	-0.6008	0.126266	2.308811	-1.21754	-0.23727	1.454807	N > P > K
8	-0.46721	0.405892	2.797705	-1.6018	-0.03066	1.632457	N > P > K
9	-0.79138	-0.13757	2.05155	-0.95699	-0.46447	1.421463	N > P > K
10	0.157955	1.127232	2.955083	-2.04116	0.642594	1.398564	N > P > K

（续）

处理号	f(P/K)	f(P/N)	f(K/N)	N 指数	P 指数	K 指数	需求顺序
11	8.135825	6.176244	− 0.61854	− 2.77885	7.156034	− 4.37718	K > N > P
12	− 0.78062	0.142432	3.065694	− 1.60406	− 0.3191	1.923159	P > N > K
13	− 0.11702	0.401432	1.61568	− 1.00856	0.142207	0.86635	N > P > K
14	3.040539	1.624324	− 1.5584	− 0.03296	2.332431	− 2.29947	K > N > P
15	0.699554	1.37115	2.073793	− 1.72247	1.035352	0.68712	N > K > P
16	− 0.46013	0.091535	1.69457	− 0.89305	− 0.1843	1.077352	N > P > K
17	1.85929	2.010919	0.977457	− 1.49419	1.935105	− 0.44092	N > K > P
18	1.465946	1.426055	0.480348	− 0.9532	1.446	− 0.4928	N > K > P
19	− 0.268	− 0.08274	0.518001	− 0.21763	− 0.17537	0.392999	N > P > K
20	− 0.27476	− 0.62101	− 1.21553	0.918266	− 0.44788	− 0.47038	K > P > N

第三节　树木注射施肥、施药技术

利用一定的装置将农药或植物营养元素、植物激素注入树木输导组织中，实现防治病虫害、或促进生长、调节发育，起源于 1926 年美国 Muller 发表《植物的内部治疗》，提出农药注入理论。1927 年 Prister 获得世界第一个树木注药装置的专利。但树木注射（trunk injection）技术的主要发展，则是 1970 年代以后，随着钻蛀害虫、维管束病害、线虫、结包性害虫、具蜡壳体壁保护壳的吸汁害虫等用常规喷洒技术难以进行有效防治的病虫危害日趋严重，以及人们环境保护、生态平衡意识的迅速增强，有关树木注药机械及防治技术的研究得到了包括美、英、日等先进国家在内的世界许多国家的重视，技术日臻成熟[196]。在樟树栽培中，主要被用来对新移植树增施营养剂，防治黄化病，古樟复壮[197]等方面。

一、树木注射施肥、施药技术的特点

树木注射技术用于树木微量营养元素缺乏症治疗和生长调节，具有以下独特优点：

①药量准。注射法能精准控制进入树体内的药量，提高植物微量元素营养剂、生长调节剂的使用效果，有效提高果品质量和产量，生产具特种营养和功效的果品。

②见效快。高压注射微量元素营养剂一周左右即可见效。

③效率高。高压注射微量元素营养剂比土壤施肥法利用效率高四五百倍，比叶面喷施也高四五十倍。

用于林木病虫害防治，具有以下独特优点：

①环境友好。只将农药送入标靶树内，完全避免了喷雾法对空气、土壤和地下水的污染，以及对天敌等非标靶生物的直接伤害，杜绝了人、畜中毒问题，使有强毒的化学防治"无公害"化，满足了越来越被人们重视的保护生态环境的要求，特别是彻底解决了城市园

林树木病虫害防治的"两难"问题。

②适用性好。消除了喷雾法必须大量用水的问题。同时，注入树内的药剂不会因降雨等被水淋掉。因此，不论是丘陵山地、干旱缺水地区或季节，还是连续阴雨地区或季节，都能按需要实施防治。

③药效长。将农药注入树体内后，不利于药效保持的降雨冲淋、光照分解等因素的作用得以避免，从而使药效期延长，对发生期长的害虫、世代重叠多虫态并存的害虫防治有特效。

④对疑难病虫害有特效。不受树木高度和危害部位的限制，使高大树木的上部害虫，树干或枝条内的钻蛀害虫，维管束病害，具蜡壳保护的隐蔽性害虫，结包性害虫等常规喷雾施药难以进行有效防治的病虫害的防治变得简单易行。

⑤损伤小、效果好。树木注射机高压注射比环割涂药、钻孔灌药（挂吊水）对树体损伤小，药液传递快，效果好。一般注射后一天即达到杀虫高峰。

二、树木注射的基本方式

经过国内外一个世纪的发展，基本形成了两类采用液体药剂的树木注射装置：一类是高压、高浓度、低剂量注射装置；另一类是常（低）压、低浓度、大剂量注射装置[198]。

（一）常（低）压注射的特点

常（低）压注射装置是发展历史最久、装置结构形式最多的一类树木注射装置。又分2类：一类为无压式。相当于给人或动物作静脉滴注的输液器，基本结构为注射针头、输液管、储液容器3部分，不同产品间的差异或改进主要在注射针头方面。注射速度主要取决于天气（树木的蒸腾状况），当树木的蒸腾作用停止或很弱（如夜间、阴雨天）时，药液就不能进入树体。另一类在储液容器部分加装一定的加压装置，由于增压力不大，注射速度虽然有所提高，但仍不能向树木组织作快速注药。

这类装置的共同特点，就是全部计划药量进入树木体内所需时间很长，在这一过程中，注药孔周围的树体组织处于药液的浸渍之中。如据田鹏鹏研究，在晴朗无风的天气条件下，用5mm注药孔自流式注射4%吡虫啉药液，10小时后树体对药剂吸收一般只有6~8mL；在柳树干基部打孔注药，3天后树干不同高度各方位才均有吡虫啉分布，6天时树干上部含量达到最大，至13天时树干韧皮部的总含量达到最高[199]。

（二）高压注射的特点

高压注射是指药液在人们施予的强制力的作用下快速进入并贮存在木质部中，之后随树液流传输到树体各个部位。注射过程只需数分钟甚至数秒钟即完成[200]。这类注射装置除了必须有一个对注射药液进行加压的系统外，注射针头还必须与树体木质部有很好的"密封"性，以防止注射时高压药液沿注射针体向外泄漏。

三、树木注射伤害

（一）物理损害

由于完成一次树木注射必须经过：①采用适当的方式，让输液针头进入到树干内适当的位置；②采用适当的方式，让药液注入树木的输导组织；③注药完成后，采用适当的方式，将输液针头从树干中取出这样 3 个阶段。而这 3 个阶段都可能对注射部位产生物理损害。

入针时的物理损伤。注射针进入树木体内有 2 种基本的方式：一种是预打孔、注射针塞入或旋入，另一种是注射针通过击打挤入、或直接挤入。因此，在前一种方式下，树干上将产生一个直径至少数毫米的孔洞（打孔灌药的孔必须更大、更深）。后一方式下，树干木纤维将断裂。

注射中的物理损伤。有 2 种情况：一种是药液被压入树皮下，使树皮与木质部发生分离，这是最常见的。另一种是在针头与树体（木质部）密封良好、压力足够大的情况下，压入注射液的速度大于导管等输导组织允许的流动速度（随树种和季节等不同而变化）而产生组织损伤。

退针时的物理损伤。主要是一些采取"起钉器"式退针的注射装置，如操作不当，在退针时将对树皮产生机械挤伤。

物理损伤在一些树种如松柏类、桃类、李、樱花、杏、梅、火炬树、垂柳、榆树、椴树、合欢、白蜡、枫香、柑橘、柠檬、荔枝、龙眼等，往往会发生树干流胶或流脂现象。在流胶过程中若遇细菌感染，后果将更加严重。

（二）化学伤害

化学伤害有 2 种基本类型：一类是由药物—树木本身的生物化学反应造成的；另一类是由于注射技术运用不当所引发的伤害。

1. 由药物—树木本身的生物化学反应造成的伤害

高等植物对外来化合物有广泛的代谢能力，但种间存在差异，一些植物常常对某种药剂比较敏感。如辛硫磷等有机磷农药产生变色等药害的机制是，疏水性强的有机磷农药被叶绿体或其周围组织吸附，致叶绿体的机能发生紊乱，从而阻碍电子传导反应，即希尔反应，抑制光合成，出现变色，药害越严重，其体内的碳水化合物含量减少，全氮量相对增加。吡虫啉、啶虫脒、吡虫啉＋敌敌畏和敌敌畏＋氧化乐果 4 种药剂经树木注射柳树后，对可溶性总糖、纤维素含量的影响主要表现为抑制作用，对叶绿素、可溶性蛋白、淀粉含量的影响表现为先抑制后增高[201]。吡虫啉、啶虫脒注入柳树后，均可引起叶片内多酚氧化酶活性上升，过氧化物酶活性下降[202]。

2. 由注射技术运用不当所引发的伤害

由注射技术运用不当所引发的伤害有以下 3 种类型：

低压注射时，由于药液在注入点区域呈长时间浸润扩散状态，有的药物会使注射孔周围形成层细胞死亡。

高压注射时，因注射针头与树体木质部的密封不良，高浓度的药液被注入形成层组织，往往会引起组织坏死即出现注药部位药害。

药物剂型或用量不当造成的药害。如治疗柑橘缺铁性黄化病，对柑橘注射含铁量均为 2.8g/株的不同铁制剂时，氯化铁未观察到伤害现象；硫酸亚铁对老叶有轻微伤害，到第 10 天时叶色加深呈浅青黑色；柠檬酸铁和乙二胺四乙酸铁对叶片伤害严重，第 3 天老叶颜色加深，稍带青黑色；第 5 天时呈深青黑色；第 10 天时发生严重落叶；嫩叶的伤害呈烧糊状，随后脱落；但注射柠檬酸铁或乙二胺四乙酸铁 1g/株的处理则未观察到伤害情况[203]。

四、树木注射伤害的控制

有组织切片观察研究表明，树干注入农药后，在木质部部分，注药后与注药前对照比较没有明显的变化；而在韧皮部，注药的部分筛管壁有破损现象，但长期观察整株树体，注药后树体长势良好，不影响树体生长和水分、养分运输[204]。因此，针对树木注射伤害的形成原因，采取以下技术措施，可以有效控制伤害的发生：

一是采用正确的树木注射技术路线。高压注射药液进入树体的速度快，能够有效防止常（低）压注射时药液在注入点区域长时间浸润扩散所造成的损害，有条件时，应尽量选用高压注射机进行注射。图 8-2-1 为徐州市某广场樟树以"吊液瓶"方式注射某品牌营养液 3 年后注射孔及周围组织的情况，图 8-2-2 为同地点、同树种采用高压注射营养液 1 年后注射孔及周围组织的情况。从照片中可以清晰地看到，前者注射孔不仅历 3 年都未能愈合，而且在注射孔周围的组织也发生坏死；后者注射孔历 1 年即已愈合，但注射孔周边形成层组织也有一定的坏死，说明在注射操作过程中，有一定量的药液渗入形成层，所用注射装置或操作方法也还需要进一步改进[205]。

8-2-1 樟树"吊液瓶"3 年后的注射孔　　　　8-2-2 樟树"高压注射"1 年后的注射孔

图 8-2 "吊瓶法"与高压注射法的伤口愈合对比[205]

二是特别注意高压注射装置的注射针头、针头密封和进、退针方式。注射针应通过击打挤入或直接挤入，避免采用钻孔的方式；另一方面，必须保证注射针头与树体（木质部）密封良好，坚决杜绝药液被注入树皮下产生伤害。由于不同的树种不仅其树皮厚度不一，而且握钉力、抗劈力等也有很大的不同。有研究表明，中国主要商品材可按物理力学性质分为5~9级，各级有其相似的物理力学性质[206,207]。因此，要围绕不同类型的树木间的木质部组织的生理学特性、力学特性与注射针头"密封性能"关系的研究，制订科学高效、可以满足不同树种注射要求的注射针头设计技术参数，形成系列化的注射针头。注射针头属深孔加工，技术难度大，要从材料和加工工艺2个方面，兼顾好钻孔加工与使用硬度要求的矛盾，保证其良好的使用性能。

三是合理控制高压注射的速度。为防止高压注射压入注射液的速度过大造成的组织损伤，高压注射应采取脉冲式注射技术。要围绕不同树种间木质部组织的生理学特性、力学特性与注射压力间关系开展系统研究，科学设计适宜的注射速度。根据笔者观察，每秒压注2~5mL，对绝大多数树种是安全的。

四是选用安全、有效的药物。对未经注射试验的药物，必须先试验后应用。药物试验不仅要调查防治效果，还要关注注药后树木本身对药物的反应。因此，药物用量、浓度等试验因子的设计应有较大的数量级差，以便获得安全使用最大临界用量和最适防治用量等基础数据，为正确制订注射防治操作规程提供科学依据。

第四节　樟树优良无性系建立技术

长期以来，樟树以实生繁殖为主，后代变异较大。随着对樟树主要利用目的的强化，要求建立种苗无性繁育技术体系，以保证性状的遗传和后代生产的一致性，满足不同的利用要求。樟树优良无性系的建立，需要综合应用良种单株评价、采穗圃经营、扦插育苗等技术。

一、樟树优良单株评价技术

优树评价是建立优良无性系的基础。迄今进行的樟树选优的目的主要是经济利用提供优良单株[14,208,209,210]。北方引种樟树的主要目的是园林绿化利用，需要从生态适应性、景观特性、生长特性、抗逆性等方面进行综合评判，是一种典型的多准则决策问题。层次分析法（AHP法，Analytic Hierarchy Process）是在一个多层次的分析结构中，最终被系统分析归结为最低层相对于最高层的相对重要性数值的确定或相对优劣次序的排序问题，因而能够较好地将目标、多准则问题转化为理性的量化数值进行比较。该方法已成功应用于园林植物[211]、野生观赏植物[212,213]、桂花品种[214]、室内观赏植物[215]、松科植物[216]评价中。

采用AHP法，首先要建立问题的递阶层次结构—评价指标体系结构；其次，对位于递阶层次结构中各层上的要素，相对于与之有关的上一层要素表述的性质，进行两两比较，建立一系列的判断矩阵，并对判断矩阵进行一致性检验；第三步，获得递阶层次结构中各层上的要素权重集；第四步，建立评分模型。

（一）综合评价指标体系

经查阅分析相关研究成果，提出北方樟树引种综合评价层次结构模型如图8-3。

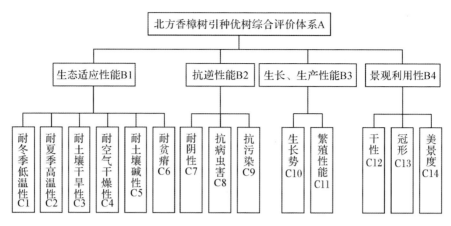

图8-3　北方樟树引种优树综合评价体系框架图

（二）获得评价表，构造判断矩阵

组织园林、生态、林学等学科专家，按表8-4的标度，对同一层次评价因子相对于上一层次的相对重要性进行两两比较，以确定各指标因素的相对重要程度，得到评分表，经加权平均得到趋向意见的判断矩阵 $U_{ij}(B—A，C—B)$。

$$\begin{pmatrix} u_{11} & u_{12} & \cdots\cdots & u_{1n} \\ u_{21} & u_{22} & \cdots\cdots & u_{2n} \\ \cdots\cdots & \cdots\cdots & \cdots\cdots & \cdots\cdots \\ u_{n1} & u_{n2} & \cdots\cdots & u_{nn} \\ (U_n) & (U_1) & (U_2) & \cdots\cdots \end{pmatrix} \begin{matrix} (U_1) \\ (U_2) \\ \cdots\cdots \\ (U_n) \end{matrix}$$

表8-4　评价指标重要性比较比例标度法

标度等级	重要性标度	含义
相同重要	1	表示两元素相比，具有同样重要性
稍微重要	3	表示两元素相比，前者比后者稍微重要
轻度重要	5	表示两元素相比，前者比后者明显重要
强烈重要	7	表示两元素相比前者比后者强烈重要
绝对重要	9	表示两元素相比，前者比后者极端重要
中间标度	2，4，6，8	表示上述相邻判断的中间值
	上述数值的倒数	若元素 i 与元素 j 的重要性之比 aij 为上述某一数值，则元素 j 与元素 i 重要性之比为 $a_{ij}=1/a_{ij}$

（三）层次单排序及一致性检验

在专家两两比较判断的过程中，若比较量超过两个，就可能出现不一致的判断。这种不一致的情况在参与比较的量较多时更容易出现，有时甚至得到完全矛盾的判断。这时需校正判断矩阵或重新判断，直到满足一定的一致性要求。

利用和积法计算各矩阵的最大特征根 λ_{max} 及其相应的特征向量 W'，并进行一致性（CR）检验。

（1）将判断矩阵每一列进行正规化，即：

$$b_{ij}' = b_{ij} / \sum_{j=1}^{n} b_{ij}$$

（2）每一列经正规化后的判断矩阵按行相加，即

$$W_i = \sum_{j=1}^{n} b_{ij}$$

（3）对向量 $W = [W_1, W_2, \cdots, W_n]^T$ 正规化，即：

$$W_i' = W_i / \sum_{i=1}^{n} W_i$$

所得到的 $W' = [W_1', W_2', \cdots, W_n']^T$，即为所求特征向量（即为对应评价指标的权重向量）。

（4）计算判断矩阵最大特征根（λ_{max}）：

$$\lambda_{max} = \sum_{i=1}^{n} \frac{(BW')_i}{nW_i'}$$

式中：B 为判断矩阵；n 为矩阵阶数；W' 为特征向量。

（5）检验判断矩阵的一致性（CR）：

$$CR = CI/RI; CI = \frac{\lambda_{max} - n}{n - 1}。$$

式中：

CI 为一般一致性指标；RI 为判断矩阵的平均一致性指标，对于 1～9 阶段矩阵，取值见表 8-5；n 为矩阵阶数。当 CR < 0.1，即可认为判断矩阵具有满意的一致性，说明权重分配是合理的；否则，重新判断直至满意。

表 8-5　平均随机一致性指标 RI 取值表

阶数 n	1	2	3	4	5	6	7	8	9
RI 值	0	0	0.58	0.9	1.12	1.24	1.32	1.44	1.45

（四）评分模型

对被评价樟树单株的各项评价指标，组织专家按 5 级（1 分～5 分）进行打分，并按下式计算被评价樟树单株的等级：

$$D = S/S_0 ; S = \sum_{i=1}^{n} (I_i \cdot W_i) ; S_0 = \sum_{i=1}^{n} (I_{i.max} \cdot W_i) ; I_i = \frac{1}{m} \sum_{j=1}^{m} \frac{R_{ij} - \overline{R_{ij}}}{C_j}。$$

式中：

D—被评价单株的等级值；

S—被评价单株的综合评分值；

S_0—为理想值；

I_i 为单项指标评价分值，i = 1, 2, ……, n;

W_i 为评价指标的权重；

R_{ij}——评价人 j 对被评价单株评价项 i 的打分值，j = 1，2，……，m；

$\overline{R_{ij}}$——评价人 j 对所有评价单株的评价项 i 打分值的平均值；

C_j——评价人 j 所有评价单株的评价项 i 打分值的标准差。

二、种质资源圃和采穗圃营造技术

种质资源圃和采穗圃是收集经过表型选择（复选合格的优树）和经过后代测定保留的优良无性系或优良家系的场所。它的作用，一是保存现有的优树基因类型和育种原始材料；二是进行无性系的物候观测，以便掌握每个无性系的生长习性；三是进行杂交育种试验工作；四是为建立无性系提供材料。

（一）圃地选择与规划

圃地应选择地势平坦、开阔，阳光充足，排灌条件良好；土壤为适宜樟树生长，结构疏松、透水性和通气性能良好、吸肥能力较强，pH 值 5.5 ~ 6.5 的酸性沙质或轻沙质壤土。

圃地规模应根据无性系的数量，保证充分的生产用地和道路交通以及管理等附属设施用地。种质资源圃的定植密度应大于 6m × 6m，采穗圃的定植密度应大于 3m × 3m。每个无性系栽植株数不应少于 10 株。

圃地应按无性系划分小区，并绘制无性系配置图。具体要求是：要把同一地点、同一起源的优树定植在一个大区内。配置方式根据无性系数量，可采用单行式、双行式和多行式布局。

（二）采穗圃树体管理

采穗圃树体管理的关键，一是矮化树形，培养主干低、枝条多的灌丛状树形，是多产插条的关键。主要方法有去顶芽、截干留桩、截枝。二是抹芽。樟树采条截枝后，其截口及桩枝上和根颈处会发出许多萌芽，如芽过密，将导致养分分散，对芽的生长发育不利，应有目的地在每枝桩上不同方向选留 3 个左右壮芽。三是环割，以利短截后萌发新枝[217]。

（三）抚育管理

樟树采穗圃密度大，一年内又多次采条，养分消耗大，必须加强管理。一要松好土。每次截枝取条后，都要进行一次全面松土、除草，以保墒促进萌生枝条。二要施好肥。肥料以三元复合肥最佳，一般每株施 50g 左右，以溶水浇施较好。三是适当灌溉，促进芽的萌发和生长。尤其是夏季干旱季节。灌溉宜在每天上午 9：00 ~ 10：00 时和下午 3：00 ~ 6：00 时进行。

三、樟树扦插育苗技术

扦插育苗是保持樟树优株性状，培育优良品种的重要技术方法。樟树扦插成活率与母树年龄、插条部位、粗度、长度、穗条留叶面积以及激素、基质等均有显著的关系。一般来说，母树年龄愈大，插条生根能力愈弱。扦插应选用四龄以下母株，幼龄枝条分生能力强，随着年龄的增长，生根潜力变差。樟树插条位置不同，扦插生根率差异显著，其规律是从梢部到基部逐渐下降。扦插时应尽量选择梢部的插条[218]。插条过短、过细或过粗、过长，生根率都不高，理想的插穗长度以 10~15cm 为宜，粗度为 0.4~0.5cm 为宜[219,220]。樟树为常绿阔叶树种，叶片的保留对插穗生根率有着显著的影响，保留 2~3 半叶扦插效果最为理想；混合基质疏松、透气、排水及保水能力强，有利于插条生根，插条生根后能及时吸收基质中的养分，促进了根系的生长，生根效果好；就激素种类而言，最适合的生根促进剂是 NAA；激素浓度以 100mg/（L·4h）的 NAA 处理效果最佳，超过 200mg/L 时，扦插生根率反而下降[221]。

樟树根系发达，再生能力强，侧根短根插穗可以产生大量的不定芽。用樟树侧根作为短根插穗扦插，选取粗度在 0.5cm 以上、长度 5.0cm 的短根作为插穗进行扦插成活率较高，要求插穗上切口下方要有点状凸起，扦插深度以覆盖上切口为宜，时间以冬末春初最佳；若采用萘乙酸稀释液 200mg/L 处理 1h，可以促进短根插穗生根、提高成活率。扦插后的田间管理非常重要，要做到薄水勤浇、随时除草；扦插苗高达 20cm 时要及时移栽[222]。

四、樟树组织培养育苗技术

通过组织培养的方法繁育种苗可获得无毒苗，植株生长势强、抗逆能力提高。国内对樟树组织培养，自 1992 年连芳青[223]等用樟树的嫩梢为外植体开展相关研究以来，从外植体来源、培养基、激素等各个方面进行了不少的研究[224,225,226]，并已取得了一定的成效。

（一）无菌外植体的建立

樟树组织培养的外植体，可以利用种子或枝条催芽培养建立。

种子法建立无菌外植体时，一般采用 75% 乙醇和 0.1% 升汞消毒，MS 培养基，并加 6-BA 或 NAA 效果最好[226]。

枝条催芽法建立无菌外植体时，采用 3 年生樟树枝条剪成 10~20cm 的枝段，清洗干净后再用多菌灵溶液灭菌，培养温度 25℃ 左右，光照时间 12h/d。培养到新芽长 0.5~2.5cm，切下新发侧芽在无菌水中浸泡 30min，再经灭菌后接种到 MS 培养基[224,225]。

（二）愈伤组织的诱导及芽的分化和继代培养

不同的外植体在 MS+6-BA5.0mg/L+NAA1.0mg/L 培养基上愈伤组织诱导及芽分化，以嫩叶片产生的愈伤组织量多，淡黄色，结构疏松，表面湿润，芽分化率高，芽生长旺盛，是樟树组培再生体系的最佳外植体[226]。樟树侧芽的分化受 NAA 的影响较大。在加入一定量的 BA 情况下，加入 0.1mg/L 的 NAA 对侧芽诱导初分化效果明显。在樟树继代培养中采用的激素种类，分裂素以 BA 为最佳，生长素以 IBA 为最佳。最佳培养基配方为 MS+5.0mg/L BA+1.0mg/L IBA[224,225]。

（三）根的诱导

1/2MS 培养基最有利于樟树幼苗的生根。在 1/2MS 培养基上 NAA 浓度达到 1.0mg/L，或 IBA 浓度增加到 0.5mg/L 时，生根率达到最大值，诱导出的根性状正常，而两者的最佳组合浓度为 NAA0.5mg/L 和 IBA 浓度为 1.0mg/L，生根率可高达 93%[226]。

（四）炼苗、移栽

当小苗生根后，即可进行"炼苗"培养。"炼苗"5~7 天后，移栽到经高锰酸钾消毒过的蛭石中培养小苗。当小苗长出 3~4 对新叶，根系长度超过 10cm，根表皮颜色变成褐色时，即可栽于大田苗圃[224]。

第五节　樟树抗寒驯化与转基因研究

一、樟树抗寒驯化

试验和调查表明，樟树具有一定的适应引种地区气候环境的可驯化性。对山东省 8 个地市的 8162 株樟树(其中枣庄 4612 株、临沂 1697 株、日照 1147 株、青岛 521 株、德州 80 株、济南 66 株、泰安 32 株、烟台 7 株)的调查表明，栽植多年的樟树在抗寒表现上明显优于当年新栽植的樟树，抗寒指数多年生比当年栽植的高近四分之一[37]。山东科技大学毛春英于 1996 年利用采集自杭州大学校园、处于壮龄期的樟树种子，在泰安市西郊的西校区苗圃，进行樟树实生苗的引种驯化工作，经过 7 年时间的引种驯化，随着树龄的增大，樟树抗寒能力不断增强。樟树耐越冬极端低温达到了 – 15℃ 的水平[42]。河南省汝南园林学校内一株樟树能耐 – 16 ~ – 14℃，是选育人在 1980 年发现并开始栽培观察的，其在当地的耐寒性经过选育人 30 年的观察比较，确认该单株可以适应黄淮地区的气候条件，目前胸径达 35cm，高度 15m，被定名为"寒樟 801"[32]。

植物通过冷驯化(低温锻炼)使抗寒力获得增强的机理，1970 年 Werser 首次提出植物抗寒性诱导过程改变基因表达的观点。随后，人们利用蛋白质电泳检测技术和基因分离技术分离鉴定了冷驯化过程中产生的特异性蛋白或基因，并对其与植物抗寒性间的平行关系进行了研究，随后 Artus 等进行了转化实验，获得抗寒性增强的转基因植物，进一步证明了 Werser 的观点。将这些与冷驯化有关的基因调节因子转入目的植物中，可望成为解决植物寒害的重要途径[224]。

二、转基因研究

转基因技术是快速获得理想性状植株的有效方法。

山东农业大学王长宪通过农杆菌(Agrobacterium)介导法对樟树进行沙冬青抗寒基因 AmEBP1 和 AmgS 转化，并通过了分子生物学鉴定，抗寒性表达试验取得了成功。筛选出适宜樟树诱导分化和继代增殖培养基配方，叶片愈伤组织诱导培养基中 BA：2,4-D 为 1∶4 时，愈伤组织诱导率最高。继代培养增殖培养的最佳配方为 MS + 5.0mg/L BA + 1.0mg/L IBA。利用新构建的沙冬青抗寒基因 AmEBP1 和 AmgS，采用农杆菌浸染法，建立了樟树农杆菌介导遗传转化体系，获得了卡那霉素筛选的抗性植株。通过 PCR 检测证实 AmEBP1 和 AmgS 基因整合樟树基因组内，获得抗性植株。抗寒能力测定结果表明，樟树转基因试管苗在 – 17℃ 、处理 2h 条件下的死亡率分别较对照降低 67.0%，抗寒性增强[227]。

附录

徐州市樟树栽植技术规程

1 总则

1.1 为统一徐州市的樟树栽植技术，提高栽植质量，特制定本规程。

1.2 本规程适用于徐州市各类园林绿化工程中胸径 10cm 以上樟树的栽植、移植。

2 环境条件

2.1 樟树的适宜栽植地区

（1）城市建成区内（周边有较高建筑物密度）公园绿地；

（2）单位、居住区内位于楼前的附属绿地；

（3）城市建成区内，东西走向的宽度大于"道路南侧平均楼高/tg31°19′"、南北走向的道路宽度大于 30m 的行道树绿地；

（4）山丘阳坡及周边地区绿地；

（5）城市建成区外，具有良好冬季风障（包括防护林风障）的区域。

2.2 土壤要求

（1）栽植樟树的土壤 pH 应为微酸至中性。本市适宜的土壤包括褐土类淋溶褐土亚类（山红土属、山黄土属）、潮土类棕潮土亚类、棕壤土类潮棕壤亚类。

（2）中性至碱性的土壤，含有建筑垃圾、有毒有害物质的土壤，必须更换适宜的酸性栽植土。

2.3 下列区域不宜栽植樟树

（1）城市楼间风道；

（2）冬季无良好光照的窄路；

（3）与地面公共设施的水平距离，或与各种地下管线边缘间水平间距小于2m的地段或区域；

（4）未经处理的中性至碱性的城市土壤；

（5）城市建成区外旷野；

（6）河道两侧以及近湖面周边等易造成风害、冻害区域。

3 种源要求

3.1 基本原则——"最近距离"原则

不同樟树种源之间抗寒性、土壤适应性等有显著差异。北方地区引种樟树应从距离本地区最近的地区采购。

3.2 具体要求

徐州市园林绿化工程应用的樟树，宜选用原产于苏、皖沿江地区的种源；如需从浙江中部、江西等南部地区选购，则应选用原产于当地高海拔地区的种源。

樟树在工程应用前，应在本市或与本市气候区和土壤条件相近地区（江淮地区）的苗圃地通过2~3年以上的定植驯化锻炼。

4 前期准备

4.1 基础调查

4.1.1 拟用樟树背景调查

应掌握的基本情况：原产（种源）地、规格、移植经过、历年移植、养护管理情况，目前生长情况、萌发能力、病虫害情况、根部生长情况（对不易掌握的要作探根处理）等。

4.1.2 拟栽植地立地环境调查

必须掌握下列资料：

(1)栽植地土壤质地、主要物理、化学性状、地下水位调查；

(2)地下管线等环境条件调查；

(3)栽植地及周边建筑物、构筑物、架空线，共生树木等调查；

4.2 制订方案

根据本规程4.1资料，制订栽植方案。主要内容应包括：种植时间，栽植土壤处理，苗木的运输、起吊，栽植，支撑与固定，材料机具准备，养护、管理及安全措施等。

5 栽植季节

樟树栽植的最佳季节在3月下旬至5月中旬，樟树萌发新芽前为最佳，樟树开始展叶即应停止栽植。禁止8月份以后栽植。

栽植时间过晚，新植苗木发出枝条木质化程度低，易受冻害，不能安全越冬。

6　定植树预备

6.1 定植树标定

6.1.1 基本要求

根据主要利用目的，从树形、主干高、胸径规格等方面综合评价、选择和标定拟用的樟树。一般要求树干通直，冠型保持良好，树势健壮，新生细根都集中在树蔸部位，经多次移植的樟树。

6.1.2 苗木规格要求

城市园林绿化工程应用的樟树，胸径应在15cm以上，一般不超过25cm。

6.2 定植树移植前措施

6.2.1 切根

（1）5年内未作过移植或切根处理的樟树，必须在移植前1~2年进行切根处理。

（2）切根应分期交错进行，其范围宜比挖掘范围小10cm左右。

（3）切根时间，可在立春天气刚转暖到萌芽前，秋季落叶前进行。

6.2.2 定植树修剪

拟用樟树移植前的修剪方法及修剪量，应根据树冠生长情况、移植季节、挖掘方式、运输条件、种植地条件等因素综合确定。一般情况下，修剪时间应在移植前一周进行，修剪量可控制在连枝带叶剪掉树冠的1/3~1/2，以减少叶面积，降低全树的水分损耗，但应保持基本的树形。凡3cm以上的大伤口应光滑平整，经消毒，并涂保护剂。

6.3 定植树起掘

樟树大苗移栽时应带土球。土球大小主要由起苗时保留苗木冠幅大小决定，分为三种情况：

（1）保留原有冠幅，土球直径为苗木胸径的7~9倍。

（2）仅留2~3个短缩主枝和断梢主干，土球直径为苗木胸径的5~7倍。

（3）介于前二者中间类型，土球直径大小为苗木胸径的6~8倍。土球高度一般比土球直径少5~10cm。

7　栽植

7.1 地形处置

当拟栽植樟树的区域地势较低时，应采取堆土种植法。堆土高度根据地势和雨季平均地下潜水位，使樟树主要根系分布区位于潜水位以上。堆土范围：最高处面积不小于土球大小2倍，并分层夯实。

7.2 种植土更换

当拟栽植樟树区域的土壤为不适合樟树生长的土壤类型时，必须更换种植土。

种植土的更换区域不得局限于"树穴"范围，应能够较好地满足樟树未来根系生长的空间要求，更换范围直径最少3m以上，深度最少1.0m以上。换土区底部应铺一层30~40cm厚的砂及碎石作为隔离层。

7.3 树穴准备

樟树栽植树穴大小、形状、深浅应根据土球大小形状而定，深度以根颈部位应高出地面 10cm 左右。

7.4 栽植

（1）栽植时间。应避开中午强阳灼晒，以上午 11：00 之前或下午 15：00 之后最为适宜。

（2）回填土中，土填到 50% 时，用浓度为 200mg/kg 的萘乙酸溶液灌水，发现冒气泡或快速流水处要及时填土，直到土不再下沉，不冒气泡为止。待水不下渗后再继续加土，加到高出根部后，做围堰，浇萘乙酸水。

（5）待水渗完后覆土，第二天再作堰浇水，封土，以后视天气、树木生长情况浇水。

8 养护管理

8.1 新移植樟树必须有专人负责养护 3 年，做好现场管理工作和管护记录。政府投资建设栽植的，各项资料均应报园林绿化主管部门备案。

8.2 樟树冠范围内不得堆物或做影响新移树成活的作业。

8.3 建筑工地处的新移樟树，应在树冠范围外 2m 作围栏保护。

8.4 保墒处理

按照"不干不浇，既浇即透"的原则，视天气和树木生长状况，采取相应的保墒措施，并避免土壤积水造成烂根。

8.5 生长观察

新植樟树应加强观察，发现病虫害必须及时防治。叶绿有光泽，枝条水分充足，色泽正常，芽眼饱满或萌生枝正常，可常规养护。

8.5.1 当新植樟树叶绿而失去光泽，枝条显干，芽眼或嫩枝显萎，应查明原因，采取措施：

（1）土干应立即浇水，土不干可进行叶面、树干周围环境喷水。

（2）留枝多的可适当抽一部分枝条。

（3）叶水分足，色黄、落叶，应及时排水。

（4）大量落叶，应及时抽稀修剪或剥芽。

8.5.2 当新植樟树叶干枯，不落，应作特殊抢救处理：

（1）应根据樟树危险程度进行强修剪。

（2）高湿季节在樟树的上方和西部应搭荫棚。

（3）气候干燥时，喷雾增加环境湿度，过多水分不宜流入土壤，可在树根部覆盖塑料薄膜。

（4）可用 0.2%~0.5% 尿素或磷酸二氢钾等进行根外追肥。

8.6 新移植樟树的树冠养成

（1）樟树移植后，除剪除丛生枝、病虫枝、内膛过弱枝等外，一般前 2~3 年不剥芽。

（2）留芽应根据树木生长势及今后树冠发展要求进行，应多留高位壮芽，对有些留枝过长、枝梢萌芽力弱的，应从有强芽的部位进行短截。

（3）对切口上萌生的丛生芽必须及时剥稀，树冠部位萌发芽较好的，树干部位的萌芽应全部剥除。树冠部位无萌发芽时，树干部位必须留可供发展树冠的壮芽。

8.7 新植樟树越冬保护

新栽植的樟树，前3年应进行冬季防寒保护。防寒保护主要包括根际土壤和树干、主枝保护。

8.7.1 浇灌防冻水和喷施防冻液

冬季来临前，结合土壤墒情，浇足浇透一次越冬防冻水，并对树木进行培土、覆盖，以减少土壤昼夜温差变化，有效保护植物根系。在寒潮来临前对树冠喷施防冻液，应在无雨、风力较小的晴天进行，连续喷施2~3次，间隔5~7天，喷施均匀。

8.7.2 适度冬季修剪

越冬前，修除枯死枝、萌蘖枝、病虫枝等影响景观的枝条，保持树形美观，促进来年生长，秋季栽植的应剪去秋梢。

8.7.3 新栽植的樟树，宜采取树干裹扎草绳防寒措施；确需采取搭设风帐保护的，应搭设风帐。

采取草绳缠干，直接从树干基部缠起，向上密缠至三级分枝点（如栽植截干苗，应包裹至分枝点）。次年3月中上旬，应将树干及其基部缠扎物清理干净。

冬季防寒不宜采取塑料薄膜包缠树干、树枝，以及包裹树冠之类的方法。

8.7.4 根部适当培土覆盖

入冬前，可在树木基部适当覆土压实或覆盖塑料薄膜等物，增加根部防寒能力，次年开春后再将覆土移去恢复到原高程。

8.7.5 及时清除积雪

降雪时，根据雪情，应及时清理树上积雪，以防积雪压断树枝或压倒树木。

8.8 樟树施肥

按照"薄肥勤施，看长势、定用量，前促、后控"的原则进行施肥，以早春施有机肥为主，夏施复合肥为辅，必要时实施树干注射和叶面施肥，8月份后停止施肥，防止徒长，以利越冬。

8.8.1 早春肥

施肥时间：每年早春土壤解冻后。肥料种类：腐熟有机肥。施肥量：按2~4kg（折干量）/m冠径为宜。施肥方法：以沟施为宜。

8.8.2 夏肥

施肥时间：每年春梢速生期将近时。肥料种类：三元复合肥。施肥量：按0.25~0.5kg/m冠径为宜。施肥方法：和水后浇入施肥沟，然后覆土。

参考文献

[1]关传友. 论樟树的栽培史与樟树文化[J]. 农业考古, 2010,（1）：286 – 292.

[2]林翔云. 香樟树开发利用[M]. 北京：化工出版社, 2010.

[3]李锡文. 中国植物志（第三十一卷）[M]. 北京. 科学出版社, 1984.

[4]李锡文. 云南樟及相近种的精油化学与植物分类[J]. 植物分类学报, 1975, 13(4)：36 – 50.

[5]李捷. 云南樟科植物区系地理[J]. 云南植物研究, 1992, 14(4)：353 – 361.

[6]高大伟. 樟科植物 DNA Barcode 及香樟树系统地理学的初步研究[D]. 上海：华东师范大学, 2008.

[7]吴征镒. 中国植被[M]. 北京：科学出版社, 1980.

[8]王荷生. 植物区系地理[M]. 北京：科学出版社, l992.

[9]吴征镒, 路安民, 汤彦承. 中国被子植物科属综论[M]. 北京：科学出版社, 2003.

[10]李捷, 李锡文. 世界樟科植物系统学研究进展[J]. 云南植物研究, 2004, 26(1)：1 – 11.

[11]江西省林业厅造林处. 香樟树栽培[M]. 北京：中国林业出版社, 1991.

[12]肖剑峰, 邓清华, 熊考林, 等. 香樟树优良种源及配套栽培技术研究[J]. 江西农业学报, 2009,
21(5)：41 – 43.

[13]孙红英, 曹光球, 辛全伟, 等. 香樟树 8 个无性系叶绿素荧光特征比较[J]. 福建林学院学报,
2010, 30(4)：309 – 313.

[14]姚小华. 樟树遗传变异与选择的研究[D]. 长沙：中南林学院, 2002.

[15]孙银祥, 姚小华, 任华东, 等. 樟树种源苗期差异及性状相关[J]. 浙江林学院学报, 1999, 16
(3)：234 – 237.

[16]任华东, 姚小华, 孙银祥, 等. 樟树种源苗期生物量变异及其综合评价[J]. 林业科学研究, 2000,
13(1)：80 – 85.

[17]邢建宏, 刘希华, 陈存及, 等. 樟树几种生化类型及近缘种的 RAPD 分析[J]. 三明学院学报,
2007, 24(4)：433 – 437.

[18]张国防, 陈存及. 不同化学型樟树的 RAPD 分析[J]. 植物资源与环境学报, 2007, 16（2）：

17 – 21.

[19] 郑万钧. 中国树木志[M]. 北京：中国林业出版社，1983.

[20] 高凯，胡永红，冷寒冰，等. 两种测算香樟树单株植物生物量和生产力的方法[J]. 生态学杂志，2014，33(1)：242 – 248.

[21] 孟超. 城市香樟树地上生物量研究[D]. 北京：北京林业大学，2011.

[22] 胡晓梅，黄成林，张云彬. 植物文化性及其在园林景观中表达的研究[J]. 现代园林，2011，(4)：8 – 11.

[23] 郭雪艳，关庆伟，刘畅，等. 园林绿化树种香樟树叶片的含硫量动态分析[J]. 城市环境与城市生态，2012，25(4)：19 – 21.

[24] 杨志刚. 大气污染对香樟树叶片几种生理生化指标的影响[J]. 常熟高专学报，2003，17(2)：73 – 75，97.

[25] 郑华. 北京市绿色嗅觉环境质量评价研究[D]. 北京：北京林业大学，2002.

[26] 任露洁，王成，古琳，等. 无锡惠山森林公园香樟树林内挥发物成分及其变化研究[J]. 中国城市林业，2012，10(3)：8 – 11.

[27] 郑天汉，等. 红豆杉研究[M]. 北京：中国林业出版社，2013.

[28] 江苏医学院. 中药大辞典[M]. 上海：上海人民出版社，1979：28 – 31.

[29] 孙崇鲁，胡晓渝，张祺照. 香樟树叶不同溶剂提取物清除 DPPH 自由基的研究[J]. 中南药学，2014，12(3)：223 – 225.

[30] 张国防，陈存及. 福建樟树叶油的化学成分及其含量分析[J]. 植物资源与环境学报，2006，15(4)：69 – 70.

[31] IPCC. WORKING GROUP I CONTRIBUTION TO THE IPCC FIFTH ASSESSMENT REPORT CLIMATE CHANGE 2013：THE PHYSICAL SCIENCE BASIS［CB］. http：//www. climatechange2013. org/ images/uploads/ WGIAR5 – SPM_ Approved27Sep2013. pdf.

[32] 张旻桓，张汉卿，刘二冬. 樟树北移耐寒性与形态特征的相关性研究[J]. 北方园艺，2011，(13)：94 – 97.

[33] 何树川. 香樟树在徐州地区的引种及前景[J]. 中国城市林业，2009，7(3)：72 – 74.

[34] 周云峰. 香樟树在盐城城市绿化中引种栽培的潜力探讨[J]. 江苏林业科技，2006，33(6)：30 – 32.

[35] 高承萍. 香樟树在淮安地区的栽植和养护管理[J]. 中国园艺文摘，2011，(9)：149 – 150.

[36] 李顺. 香樟树在淮北平原区园林绿化的应用及其养护技术[J]. 安徽农学通报，2013，19(17)：105 – 106.

[37] 侯蕊. 山东省引种樟树抗寒性研究[D]. 山东泰安：山东农业大学，2013.

[38] 孙会兵. 鲁南地区引种香樟树研究初报[J]. 林业实用技术，2008(6)：12 – 13.

[39] 雷琼. 香樟树在临沂城市绿化中引种栽培的潜力探讨[J]. 山东林业科技，2008，(1)：63 – 64.

[40] 陈敏，侯敬勇. 鲁南地区香樟树的栽培和管理[J]. 山西建筑，2007，33(33)：354 – 355.

[41] 化黎玲，袁俊云，彭晓娟，等. 北方地区香樟树播种育苗试验研究[J]. 现代农业科技，2012，(18)：139 – 140，145.

[42] 毛春英. 香樟树的引种与驯化研究[J]. 山东农业大学学报(自然科学版)，2004，35(4)：534 – 539.

[43] 米建华. 香樟树在郑州地区的引种与驯化[J]. 园林科技信息，2004，(2)：6 – 8，18.

[44] 李全红. 香樟树在郑州地区的引种与驯化[J]. 河南林业科技，2003，23(2)：14 – 15.

[45] 牛小花，王剑. 黄河迎宾馆引种香樟树试验初报[J]. 河南林业，2003，(6)：37.

[46]田士林，李莉. 香樟树在我国中部引种适应性研究[J]. 安徽农业科学，2006，34（11）：2403，2445.

[47]张素敏. 香樟树引种试验初报[C]. 河南风景园林学会. 河南风景园林—2003年学术交流论文集. 2003，82－84.

[48]马娟. 关中地区常绿阔叶树种资源调查及其抗寒性研究[D]. 陕西杨凌：西北农林大学，2008.

[49]田长院，胡荣，强波海，等. 香樟在西安地区的引种试验[J]. 陕西林业科技，2008，（4）：37－41.

[50]冯学民，蔡德利. 土壤温度与气温及纬度和海拔关系的研究[J]. 土壤学报，2004，41（3）：489－491.

[51]王中生. 樟科观赏树种资源及园林应用[J]. 中国野生植物资源，20（4）：31－33，43.

[52]毕绘蟾，等. 常绿阔叶树抗冻种质评选方法的研究[C]. 中山植物园研究论文集，1986，68－74.

[53]李杰，张亚红. 自然低温胁迫下香樟树和广玉兰的抗寒性研究[J]. 现代农业科技，2013，（8）：136－137.

[54]尤扬，贾文庆，姚连芳，等. 北方盆栽香樟树幼树光合特性的初步研究[J]. 上海交通大学学报（农业科学版），2009，27（4）：399－402，423.

[55]王念奎. 香樟树群落生物多样性研究[J]. 林业勘察设计（福建），2009，（1）：76－80.

[56]邢勇. 自然因素对植物地理分布的作用[J]. 生物学通报，1985，（5）：1－2.

[57]南京林业大学. 中国林业词典[M]. 上海：上海科技出版社，1994.

[58]刘明光. 中国自然地理图集（第三版）[M]. 北京：中国地图出版社，2010.

[59]中国农业科学院. 黄淮海平原治理与农业综合开发[M]. 北京：中国农业科技出版社，1989.

[60]Bockheim J G. Nature and properties od highly － disturbed urban soils [M]. Philadelphia. Pennsylvania. Paper presented before Division S－5. Soil Genesis，Morphology and Classification. Annual Meeting of the Soil Society of America. Chicago，iL. 1974.

[61]WILLAM R. EFFLAND RICHARD V. POUYAT. The Genesis，Classification，and mapping of soils in urban areas. Urban Ecosystems，1997. 1：217－228.

[62]边振兴，王秋兵，刘兆胜，等. 城市化对土壤质量的影响及对策分析[J]. 21世纪中国土地科学与经济社会发展，129－133.

[63]张甘霖. 城市土壤的生态服务功能演变与城市生态环境保护[J]. 科技导报，2005，23（3）：16－19.

[64]陈立新. 城市土壤质量演变与有机改土培肥作用研究[J]. 水土保持学报，2002，16（3）：36－39.

[65]卢瑛，龚子同，张甘霖. 南京城市土壤的特性及其分类的初步研究[J]. 土壤，2001，（1）：47－51.

[66]李丽雅，丁蕴铮，侯晓丽，等. 城市土壤特性与绿化树生长势衰弱关系研究[J]. 东北师大学报：自然科学版，2006，38（3）：124－127.

[67]Stroganova M，Myagkova A，Prokofieva T，et al. Soil of Moscow and urban environment. Moscow：Russian Federation Press，1998. 1－171.

[68]高玉娟. 哈尔滨城市绿地土壤研究[D]. 哈尔滨：东北林业大学硕士论文，2001.

[69]Kelsey P，Hootman R. Soil resource evaluation for a group of sidewalk street tree plants[J]. Journal of Arboriculture，1990，16（5）：113.

[70]Jim C Y. Soil compaction as a constraint to tree growth in tropical & Subtropical urban habitats[J]. Environmental Conservation，1993，20（1）：35.

[71]管东生，何坤志，陈玉娟. 广州城市绿地土壤特征及其对树木生长的影响[J]. 环境科学研究，

1998，11(4)：51-54.

[72]陈秀玲，李志忠，靳建辉，等. 福州城市土壤 pH 值、有机质和磁化率特征研究[J]. 水土保持通报，2011，31(5)：176-181.

[73]张甘霖，赵玉国，杨金玲，等. 城市土壤环境问题及其研究进展[J]. 土壤学报，2007，44(5)：925-933.

[74]刘廷良，高松武次郎，左濑裕之. 日本城市土壤的重金属污染[J]. 环境科学学报，1996，9(2)：47-51.

[75]王斌，丁桑岚. 公路两侧土壤中铅的分布规律研究[J]. 重庆环境科学，1998，20(4)：53-55.

[76]Wilcke W，Lilienfein J，Lima S D C，et al. Contamination of highly weathered urban soils in Uberlândia，Brazil. Journal of Plant Nutrition and Soil Science，1999，162(5)：539-548.

[77]Krauss M，Wilcke W. Polychlorinated naphthalene in urban soils：Analysis，concentrations，and relation to other persistent organic pollutants. Environmental Pollution，2003，122：75-89.

[78]姚贤良，程云生，等. 土壤物理学[M]. 北京：农业出版社，1986.

[79]韩继红，李传省，黄秋萍. 城市土壤对园林植物的影响及其改善措施[J]. 中国园林，2003，(7)：74-76.

[80]杨金玲，汪景宽，张甘霖. 城市土壤的压实退化及其环境效应[J]. 土壤通报，2004，35(6)：688-694.

[81]冷平生. 城市植物生态学[M]. 北京：中国建筑工业出版社，1995.

[82]杨元根，Paterson E，Campbell C. 城市土壤中重金属元素的积累及其微生物效应[J]. 环境科学，2001，22(3)：44-48.

[83]王焕华. 南京市不同功能城区表土重金属污染特点与微生物活性的研究[D]. 南京：南京农业大学，2004.

[84]华东树木志编写组. 华东树木志[M]. 北京：中国林业出版社，1983.

[85]《气候变化国家评估报告》编写委员会. 气候变化国家评估报告[M]. 北京：科学出版社，2007.

[86]吕军. 江苏省近50a夏季旱涝分布特征变化的研究[J]. 气象科学，2003，23(4)：467-469.

[87]陈隆勋，周秀骥，李维亮. 中国近80年来气候变化特征及其形成机制[J]. 气象学报，2004，62(5)：634-646.

[88]马晓群，张爱民，陈晓艺. 气候变化对安徽省淮河区域旱涝灾害的影响[J]. 中国农业气象，2002，23(4)：1-4.

[89]丁一汇，张锦，徐影，等. 气候系统的演变及其预测[M]. 北京：气象出版社，2003.

[90]黄嘉佑. 气候统计分析与预报方法[M]. 北京：气象出版社，2004.

[91]袁新田，刘桂建. 1957年至2007年淮北平原气候变率及气候基本态特征[J]. 资源科学，2012，34(12)：2356-2363.

[92]李德，杨太明，张学贤，等. 1955-2010年淮北平原冬季农业气候变化基本特征与影响初探[J]. 中国农学通报，2012，28(17)：301-309.

[93]李瑞，郭渠，高慧君，等. 泰安市近58年气候变化特征分析[J]. 山东农业大学学报(自然科学版)，2011，42(1)：95-101.

[94]张磊，潘婕，陶生才. 1961-2011年临沂市气温变化特征分析[J]. 中国农学通报2013，29(5)：204-210.

[95]王晓喆. 河南省淮河以北气候变化与棉花生产适应度评价[D]. 西安：陕西师范大学，2012.

[96]张雷. 气候变化对中国主要造林树种/自然植被地理分布的影响预估及不确定性分析[D]. 北京：中国林业科学研究院，2011.

[97]梁珍海，秦飞，季永华. 徐州市植物多样性调查与多样性保护规划[M]. 南京：江苏科技出版社，2013.

[98]于法展，李保杰，刘尧让，等. 徐州市城区绿地土壤的理化特性[J]. 城市环境与城市生态，2006，19(5)：34－37.

[99]于法展，单勇兵，李保杰. 徐州城区公园绿地土壤容重与孔隙度的时空变化[J]. 城市环境与城市生态，2007，20(4)：7－9.

[100]于法展，齐芳燕，李保杰，等. 徐州市城区公园绿地土壤重金属污染及其评价[J]. 城市环境与城市生态，2009，29(3)：20－23.

[101]司志国，彭志宏，俞元春，等. 徐州城市绿地土壤肥力质量评价[J]. 南京林业大学学报：自然科学版，2013，(3)：60－64.

[102]司志国. 徐州市城市绿地土壤碳储量及质量评价[D]. 南京：南京林业大学，2013.

[103]鲁如坤. 土壤农业化学分析方法[M]. 北京：中国农业科技出版社，2000.

[104]孙向阳. 土壤学[M]. 北京：中国林业出版社，2005，132－133.

[105]Bullock P，Gregory P J. Soils in the Urban Environment[M]. Boston：Wiley－Blackwell，1991.

[106]于法展，尤海梅，李保杰，等. 徐州市不同功能城区绿地土壤的理化性质分析[J]. 水土保持研究，2007，14(3)：85－88.

[107]崔晓阳，方怀龙. 城市绿地土壤及其管理[M]. 北京：中国林业出版社，2001.

[108]姚贤良，程云生. 土壤物理学[M]. 北京：中国农业出版社，1986.

[109]黄昌勇. 土壤学[M]. 北京：中国农业出版社，2000.

[110]张琪方，海兰黄，懿珍，等. 土壤阳离子交换量在上海城市土壤质量评价中的应用[J]. 土壤，2005，37(6)：679－682.

[111]袁嘉祖. 两个生态环境相似性计算方法的探讨[J]. 生态学杂志 1987，6(6)：55－56.

[112]颜正平. 植物根系分布生态学理论与体系模式之研究[J]. 水土保持研究，2005，12(5)：1－6.

[113]石元春，辛德惠. 黄淮海平原水盐运动和旱涝盐碱的综合治理[M]. 石家庄：河北人民出版社，1983.

[114]中国农业科学院. 黄淮海平原治理与农业综合开发[M]. 北京：中国农业科技 出版社，1989.

[115]李静，刘畅，张景珍，等. 2011 年冬季(2011 年 12 月－2012 年 2 月)山东天气评述[J]. 山东气象，2012，(1)：66－68.

[116]马娟. 关中地区常绿阔叶树种资源调查及其抗寒性研究[D]. 陕西杨凌：西北农林大学，2008.

[117]万养正，马西宁. 关中平原区香樟树越冬冻害成因研究[J]. 陕西林业科技 2013，(3)：9－14.

[118]黄媛媛. 合肥市园林树种对灾害性天气抗性的研究[D]. 合肥：安徽农业大学，2011.

[119]孙存华，孙存玉，张亚红，等. 低温对香樟树膜脂过氧化和保护酶活性的影响[J]. 广东农业科学，2011，(4)：58－60.

[120]赵清贺. 香樟树抗盐抗寒生理特性的研究[D]. 郑州：河南农业大学，2009.

[121]尤扬，刘弘，吴荣升，等. 低温胁迫对香樟树幼树抗寒性的影响[J]. 广东农业科学，2008，(11)：23－25.

[122]卞禄，谢宝东，吴峰. 不同香樟树单株含水量及抗寒性差异分析[J]. 林业科技开发，2009，23(3)：77－79.

[123]姚方，吴国新，梅海军. 自然降温过程中 3 种樟树渗透调节物质的动态变化[J]. 华南农业大学学报，2012，33(3)：378－383.

[124]杨向娜，魏安智，杨途熙，等. 仁用杏 3 个生理指标与抗寒性的关系研究[J]. 西北林学院学报，2006，21(3)：30－33.

［125］尤扬，袁志良，张晓云，等．叶面喷施 ABA 对香樟树幼树抗寒性的影响［J］．河南科学，2008，26（11）：1351 – 1354．

［126］尤扬，袁志良，吴荣升，等．叶面喷施 PP333 对香樟树幼树抗寒性的影响［J］．河南科学，2009，27（2）：169 – 172．

［127］谢宝多，马白菌，舒常庆．1989．在黄化丛枝樟树上发现类菌质体［J］．林业实用技术，4：28 – 29．

［128］马白菌，谢宝多．成土母质（土壤）pH 值对樟树黄化的影响［J］．中南林学院学报，1992，12（1）49 – 56．

［129］李月娣．香樟树黄化病害研究进展［J］．林业实用技术，2011，（2）：34 – 36．

［130］吴跃开，李晓虹，朱秀娥，等．贵阳地区香樟树主要病虫害种类调查［J］．植物医生，2008，21（6）：22 – 25．

［131］王毅．湖北丹江地区樟树黄化现象治理对策［J］．中国园艺文摘，2013，（12）：96 – 97．

［132］夏文胜，董立坤，刘超，等．武汉市行道樟树黄化的原因分析［J］．园林科技，2009，（4）：1 – 3．

［133］曾朝晖．大通湖区香樟树黄化病发生原因及解决途径［J］．北方园艺，2010（14）：160 – 161．

［134］吴志明．香樟树在常德市园林绿化应用中的研究［D］．长沙：湖南农业大学，2008．

［135］王嫩仙，孙品雷，余伟．杭州古樟病虫害及其防治措施［J］．现代园林，2006，（8）：64 – 66．

［136］马国瑞，石伟勇，李春九．土壤条件引起柑橘和樟树缺铁黄化症的研究［J］．浙江农业学报，1991，3（2）：9 – 85．

［137］阮晓峰．上海市香樟树黄化成因与环境影响研究［D］．上海：复旦大学，2009．

［138］张洁．香樟树生理黄化的营养环境与主要生理特性的研究［D］．合肥：安徽农业大学，2006．

［139］李士洪，刘晓丽，张红梅．平顶山市城区香樟树生理性黄化病的发生原因及综合治理［J］．黑龙江农业科学，2011（9）：50 – 53．

［140］李玉标．阜阳市香樟树黄化病的发生特点及防治措施［J］．现代农业科技，2013，（12）：120，123．

［141］吴平，陈晓梅．南通市行道树香樟树黄化现象调查及对策［J］．安徽农业科学，2012，40（6）：3426，3528．

［142］王稳战．黄化病对香樟树生长生理及抗逆性影响的研究［D］．安徽：安徽农业大学，2009．

［143］高晓君，纪道祥，朱克恭，等．树木衰弱症及其防治对策［M］．南京：南京大学出版社，2009：74．

［144］胡娟娟，宋浩，束庆龙，等．香樟树黄化程度对其生长及生理特性的影响［J］．安徽林业科技，2013，39（3）：20 – 23．

［145］刘海星．不同黄化程度香樟树的叶片生理生化特性与土壤理化性质研究［D］．上海：华东师范大学，2009．

［146］徐万泰，郭伟红，秦飞，等．木本植物缺铁性黄化病的研究进展［J］．江苏林业科技，2011，38（4）：43 – 47．

［147］刘红宇，陈超燕，刘晓莉，等．樟树黄化病与树皮电阻值、含水量关系的研究［J］．安徽农业科学，2006，34（12）：2802，2805．

［148］Beale SI. Green genes gleaned. Trends Plant Sci, 2005, 10(7): 309 – 312.

［149］Von Gromoff ED, Alawady A, Meinecke L, Grimm B, Beck CF. Heme, a plastid – derived regulator of nuclear gene expression in chlamydomonas. Plant Cell, 2008, 20(3): 552 – 567.

［150］Terry MJ, Kendrick RE. Feedback inhibition of chlorophyll synthesis in the phytochrome chromophore – deficient aurea and yellow – greenmutants of tomato. Plant Physiol, 1999, 119(1): 143 – 152.

[151]何冰，刘玲珑，张文伟，等. 植物叶色突变体[J]. 植物生理学通讯，2006，42(1)：1-9.

[152]Kusaba M, Ito H, Morita R, Iida S, Sato Y, Fujimoto M, Kawasaki S, Tanaka R, Hirochika H, Nishimura M, Tanaka A. Rice NON-YELLOW COLORING1 is involved in light-harvesting complex II and grana degradation during leaf senescence. Plant Cell, 2007, 19(4): 1362-1375.

[153]刘海星，张德顺，商侃侃，等. 不同黄化程度樟树叶片的生理生化特性[J]. 浙江林学院学报，2009，26(4)：479-484.

[154]金亚波，韦建玉，王军. 植物铁营养研究进展IV：生理生化[J]. 安徽农业科学，2007，35(32)：10215-10219.

[155]李春霞，刘桂华，周敏，等. 香樟树生理黄化的叶绿素年变化规律[J]. 安徽农学通报，2008，14(9)：30-32.

[156]杨晓棠，张昭其，徐兰英，等. 植物叶绿素的降解[J]. 植物生理学通讯，2008，44(1)：7-13.

[157]王忠. 植物生理学[M]. 北京：中国农业出版社，2005.

[158]马白菌，谢宝多. 成土母质(土壤)pH值对樟树黄化的影响[J]. 中南林学院学报，1992，12(1)：49-56.

[159]于永忠，张荣根. 香樟树黄化病的简易防治方法[J]. 农业装备术，2005，(2)：35.

[160]陈超燕. 樟树黄化病发生原因及其致病机理的研究[D]. 合肥：安徽农业大学，2005.

[161]张鑫. 樟树黄化病致病机理、危害性及复绿技术[D]. 合肥：安徽农业大学，2007.

[162]邓建英，张凤芝，邓伯勋. 樟树缺铁症的成因及防治方法[J]. 湖北林业科技，1997，100(2)：22-24.

[163]杨志刚. 大气污染对香樟树叶片几种生理生化指标的影响[J]. 常熟高专学报，2003，17(2)：73-75.

[164]邓建玲，陆邵君. 上海地区樟树黄化病的发生与防治[J]. 江西科学，2008(10)：69-71.

[165]冯杰，陈香波，李毅，等. 香樟树不同种源耐碱性研究[J]. 浙江林业科技，2007，27(4)：21-24.

[166]陈香波，张德顺，毕庆泗，等. 上海地区正常与黄化香樟表型植株的ISSR特征分析[J]. 南京林业大学学报：自然科学版，2012，36(1)：33-37.

[167]韩浩章，王晓立，刘宇，等. 香樟树黄化病现状分析及其治理研究[J]. 北方园艺2010(13)：232-235.

[168]李勇. 香樟树黄化病生长季防治试验[J]. 中国森林病虫，2011，30(3)：40-42.

[169]蔡建武. 香樟病虫害综合防治技术研究[J]. 中国园艺文摘，2013，05：162-163.

[170]程学延. 香樟栽培及病虫害防治技术[J]. 安徽农学通报(上半月刊)，2009，19：155-157.

[171]吴永辉. 永春县香樟主要病虫害及防治方法[J]. 绿色科技，2013，07：86-88.

[172]吴跃开，李晓红，朱秀娥，等. 贵阳地区香樟树主要病虫害种类调查[J]. 植物医生，2008，06：22-25.

[173]邱晓鸿. 浅析香樟主要病虫害的防治[J]. 现代建设，2013，04：14-15.

[174]高金根. 香樟病虫害综合防治技术[J]. 安徽林业，2009，05：58-59.

[175]王嫩仙，孙品雷，余伟. 杭州古樟病虫害及其防治措施[J]. 现代园林，2006，08：64-66.

[176]王秀彩，张彦会. 香樟的栽植及病虫害防治技术措施[J]. 林业科学，2014，01：97.

[177]初杰侠，张立新，王诗敏，张伟. 香樟大树移栽和春季病虫害防治技术[J]. 吉林农业，2012，04：167.

[178]俞振林，李强，徐建峰，夏志萍. 浅谈香樟树樟巢螟的综合防治[J]. 现代农业，2009，02：48-49.

［179］方彬. 高港枢纽香樟树主要病虫害防治［J］. 泰州职业技术学院学报，2010，01：50－52.

［180］李峰，褚小林，李杰. 皖北地区香樟树的常见几种病虫害无公害防治［J］. 安徽林业科技，2011，04：79－80.

［181］姜秀芹. 樟树常见病虫害的危害特征及防治方法［J］. 农业灾害研究，2014，04：8－10.

［182］吴梅. 香樟树主要病虫害的发生和防治关键［J］. 上海农业科技，2011，04：87－88.

［183］孙玉栓，韩应彬，鲍中军. 香樟树主要虫害的发生规律及防治措施［J］. 安徽农学通报，2013，24：91－92.

［184］许国权. 香樟树红蜘蛛的发生规律及防治对策探讨［J］. 农业科技与信息（现代园林），2009，07：64－65.

［185］吴时英，孙迎，石情俊，等. 香樟树兰矩瘤蛎蚧生物学特性观察及防治初探［J］. 上海农业学报，2004（01）：105－110.

［186］徐克顺，李美，代应喜. 黄刺蛾生活史观察及防治［J］. 安徽林业，2002（01）：17.

［187］戴凤凤. 樟细蛾生物学特征初步调查［J］. 江西林业科技，2002，05：20－21.

［188］周云峰. 植物生长激素对香樟树移植成活率影响研究［J］. 盐城工学院学报（自然科学版），2006，19（4）：28－30.

［189］解建伟. IBA和6－BA对移植大香樟树根系和地上枝条生长的影响［D］. 南京：南京农业大学，2012.

［190］王红花. 樟树大树移栽技术试验［J］. 福建林业科技，2005，32（3）：143－145.

［191］吴娟，陈金苗，马长江. 植物生长调节剂对香樟树叶片生理代谢的影响［J］. 湖北农业科学，2012，51（2）：329－331.

［192］舒翔，范川，李贤伟，等. 施肥对香樟树幼苗光合生理的影响［J］. 四川农业大学学报，2013，31（2）：157－162.

［193］李左荣. 樟树施肥与营关诊断的研究［D］. 福州：福建农林大学，2010.

［194］Beaufils E R. Diagnosis and recommendation integrated system（DRIS）. Soil Science. Bulletin（University of Natal，Pieter maritzburg，South Africa），1973，（1）：132.

［195］李健，李美桂. DRIS理论缺陷与方法重建［J］. 中国农业科学，2004，37（7）：1000－1007.

［196］刘景元，何树川，李瑾奕，等. 树木注射施药装置的比较研究［J］. 林业机械与木工设备，2011，39（1）：12－15.

［197］李迎，徐炜，薛秋华. 古樟树注干施肥法探索［J］. 西南林学院学报，2009，29（4）：29－33.

［198］商庆清，赵博光，张沂泉. 高压大容量树木注射机的研制［J］. 南京林业大学学报：自然科学版，2009，33（5）：101－104.

［199］田鹏鹏. 树干注射吡虫啉在树体内的吸收传导分布研究［D］. 陕西咸阳：西北农林科技大学，2008.

［200］李兴，秦飞，等. 树干注药机核心技术的比较研究与6HZ. D625B型注药机研制［J］. 林业机械与木工设备，2000，28（8）：6－9.

［201］唐光辉，田鹏鹏，冯俊涛，等. 树干注药对柳树叶片几种生理指标的影响［J］. 农药学学报，2006，8（4）：383－386.

［202］唐光辉，田鹏鹏，陈安良，等. 两种农药树干注射对垂柳叶内PPO和POD活性及同工酶谱的影响［J］. 西北农林科技大学学报：自然科学版，2007，35（4）：145－149.

［203］张光先，等. 树干注射不同含铁化合物矫治柑橘缺铁失绿研究［J］. 中国柑橘，1993，22（4）：27－28.

［204］陈松利. 树木病虫害防治注射施药技术对树体组织损伤的研究［J］. 内蒙古农业大学学报：自然科

学版，2006，27（2）：52－55.

[205]唐虹，秦飞，郭伟红，等. 树木注射伤害成因与控制研究[J]. 林业机械与木工设备，2012，40（4）：35－37.

[206]董玉库，赵春瑞. 木材物理力学性质的综合分析（Ⅲ）[J]. 东北林业大学学报，1989，17（6）：63－69.

[207]董玉库，赵春瑞. 木材物理力学性质的综合分析（Ⅳ）[J]. 东北林业大学学报，1990，18（1）：49－58.

[208]林秀婷. 芳香樟树优树筛选及扦插试验[J]. 林业勘察设计（福建），2010，（1）：97－100.

[209]肖剑峰，邓清华，熊考林，等. 香樟树优良种源及配套栽培技术研究[J]. 江西农业学报 2009，21（5）：41－43.

[210]彭东辉. 樟树优良单株选择与组培研究[D]. 福建农林大学，2004.

[211]庄莉彬. 福建省园林绿化树种开发价值评价模型研究[J]. 农业技术，2012，（11）：

[212]朱锦茹，袁位高，江波，等. 野生本木观赏植物资源开发价值评价－以浙江省野生木本观赏植物资源为例[J]. 浙江林业科技，2007，27（1）：51－56.

[213]徐祯卿，李树华，任斌斌. 河北摩天岭野生观赏植物资源开发价值评价及园林应用[J]. 河北林果研究，2009，24（1）：5－13.

[214]伊艳杰，袁王俊，董美芳，等. 运用 AHP 法综合评价河南部分桂花品种[J]. 河南大学学报：自然科学版，2004，34（4）：60－64.

[215]吴丽华. 室内观叶植物价值评价体系研究[J]. 福建林业科技，2003，30（4）：62－65.

[216]吴菲，王广勇，赵世伟，等. 北京植物园松科植物综合评价及园林应用研究[J]. 中国农学通报，2013，29（1）：213－220.

[217]刘银苟，郭德选，龙光远. 樟树优良类型（龙脑樟）采穗圃营建技术[J]. 江西林业科技，1991，（4）：10－11.

[218]向凡. 插条部位对樟树扦插生根的影响[J]. 四川林业科技，2014，35（1）：63－64.

[219]杨冬玲，龚晓静. 插条粗度和长度对樟树硬枝扦插生根率的影响[J]. 现代农业科技，2013，（6）：150.

[220]石兆明，郑鹏，易桂林，等. 插条长度对樟树扦插生根的影响[J]. 河北林业科技，2013，（5）：19－20.

[221]曲芬霞，陈存及，韩彦良. 樟树扦插繁殖技术[J]. 林业科技开发，2007，21（6）：86－89.

[222]张旻桓，张汉卿，刘二东，等. 耐寒樟树的短根扦插快速繁殖技术研究[J]. 湖北农业科学，2012，51（24）：5704－5707.

[223]连芳青，熊伟，张露. 樟树茎段离体培养和植株再生[J]. 江西林业科技，1992，（3）：20－21.

[224]孔青. 三种园林树种再生体系的建立及抗寒基因转化方法的研究[D]. 山东泰安：山东农业大学，2006.

[225]王长宪，刘静，黄艳艳，等. 山东抗寒香樟树组培快繁体系的建立[J]. 山东农业大学学报（自然科学版），2006，37（4）：513－516.

[226]田华英. 香樟树组培快繁和再生体系的建立及植物表达载体 pCAMBIA2300—ACA 的构建[D]. 山东曲阜：曲阜师范大学，2011.

[227]王长宪. 利用基因工程创造香樟树抗寒树种新种质技术研究[D]. 山东泰安：山东农业大学，2009.

[228]黄志强. 徐州市低山丘陵地貌特征及地貌分区[J]. 徐州师范大学学报，1991，9（3）：1－5.